中小建設業周辺事情

違和感を考察する

吉備人出版社

はじめに

～　本書の立ち位置について　～

本書の著者である入江義明は、中小建設企業の代表を務めていました。その業務は、落石災害対策における岩接着予防工のパイオニアとして、自らのオリジナル工法である「岩接着DKボンド工法」（※6ページに概説）の普及・推進であり、著者は、北海道から九州地方まで全国を舞台に活躍をしていました。本書は、著者が自身の日常業務下において「岩接着ＤＫボンド工法」を主体にその周辺を考察し、広くはその考察を中小建設業界に共通する周辺事情と捉えた散文集です。

著者の散文は、常に現在の状況下で少しの違和感にスポットを当て、創造的に考察するものでした。私は、一般的に人が創造的に考察することには、建設業に限らずあらゆる分野において、大別できる二つのステージがあると考えています。例えば物理学や化学のような自然科学類においては、基礎的な研究ステージと、そこから応用的に社会に進出していくステージです。近年この分野の基礎研究において我が国の研究者が、継続的に世界の権威ある賞を受賞しているのは記憶に新しい出来事です。

このような基礎・応用のステージについて、分野を超え私が概想としているのは、基礎的とは、既存の考え方に新たな方向性を広げ、価値観をより多様に見出すといった様子です。一方で応用的とは、基礎的な思考によって広げられた価値観を指針に、各自がより個性を発信し、社会全体が変わっていくような様子のことです。これらのうち基礎的な考察・創造が、あらゆる分野で急速に高められ、その後の世界秩序に多大な影響をあたえた時代がかつてありました。19世紀後期から20世紀初頭のヨーロッパが、これにあたります。例えば、画家のパブロ・ピカソやアンリ・マティスなどは、美術表現分野の代表的な存在です。一般には奇抜な作風として知られる天才作家達ですが、決してその表層的作風が本質ではありません。彼らの真の価値とは、美術界に限られるものではなく、それまでの人の常識に新たな方向性を見出し、基礎的な思考方法を広げたということにありました。そこに至るアプローチは決してその場のネタのようなものではなく、彼らの生きた時間に対して、彼らが感じた違和感や疑問に向きあった考察のつみ重ねだったはずです。このことは、彼らの作品の過程で大量の習作が、制作されていることからも知ることができます。

私はこの時代と比較して、日本のような戦後資本主義体制側にある現代の人文科学及び社会科学分野においては、既に応用的な時代であって、基礎的な思考開拓は限界がきていると考えていました。もはや世界は、自由に対する思考的制約との戦いを終えて、解放されたルールの下で各自が想い想いに好きなことをする応用的な時代だと。

しかし、それは間違いだと気づかされました。そのきっかけとなったのが、本書著者の日常の考察です。現代の建設業にそのステージを求めた著者が行ったのは、自身の今に対する基礎的な考察そのものだったからです。常にどの分野の世界も、時代を問わずその時のルールに従って機能しています。それはある種の安定をもたらすと同時に、一方でそれを運用する人々の思考を停滞させ、彼らを既存の枠にはめ込んでもいます。今の常識、ルールは常に明日への問題を生み、基礎的な思考開拓の必要を促しているということなのです。現在の新たな世界秩序編成の雰囲気や、我が国の憲法問題などは、正にこの種の話題であるといえます。本書の著者である入江義明は、経営者としてまた同時に技術者としてその身に関わる今に対して、思考停滞側ではなく思考開拓の側でアプローチしていました。本書は、そういう立ち位置で思考していた著者の日常散文です。

これまでの歴史上に表れた基礎的な思考開拓の試みは、時代が移り変わっても失われるものではないのです。本書の著者は、現代の建設業で業務の考察を通してそれを表現した一人であり、本書「違和感を考察する」には、表層的な分野こそ違えどかつてのピカソ等の試みから感じとれる気配と同種のものが、存在するのです。

2017年4月16日

入江健太郎

「岩接着DKボンド工法」

歴史；

1974（S 49）に第二建設㈱により、日本で初めて岩接着工法として開発された、景観保全型落石対策予防工法です。1977年に公共工事として初めて施工以来、道路保全や治山事業等において広汎に適用されています。2016（H28）には国土交通省NETIS「活用促進技術」（SK-980021-VE）に認定されました。2016（H28）年現在で施工実績件数3,300件以上、全国47都道府県に展開しています。実績拡大の背景としては、自然景観や環境に優しい工法としての特徴と、近年の大地震、例えば阪神淡路大地震（1995）、鳥取県西部地震（2000）、芸予地震（2001）、能登半島地震（2007）、東日本大震災（2011）、熊本地震（2016）等の強振動を受振したいずれの施工個所においても変状がみられず、工法の耐久性が評価されたことなどが挙げられます。

特徴；

最大の特徴は、景観保全能力の高さと、岩塊表面や、周辺にほとんど手を加えない環境保全工法であることです。同時に、亀裂開口部等においてDKボンドモルタルによる閉塞及び接着することで、進行する岩盤の緩みを防ぐとともに、当該部に集中する応力を接着面において面的に分散できることから、地震などによる繰り返し荷重に対する耐久性に優れており、落石予防としての高い効果を発揮します。

「一般社団法人全国落石防止協会」

岩接着DKボンド工法の創始社で、その材料メーカーでもある第二建設㈱と、特約店契約を結んでいる建設業者とで構成される非営利型一般社団法人。

「岩接着DKボンド工法」の紹介例

日経コンストラクション2008　4-25ヒット工法の秘密より

特集●ヒット工法の秘密

17 ワイヤリングが変形することによって落石エネルギーを吸収する防護ネットの施工例

19 コンクリートを充てんした鋼管とワイヤで被害を抑える落石防護柵の施工事例

20 斜面崩壊の恐れのある場所に設け、土砂が崩れ落ちる際の衝撃力を捕捉する防護柵の施工例

	技術・工法名	開発者/技術導入者	特徴	価格(条件)	採用実績
	安全、防災				
29	法面2号ユニバーサルユニット 2004	日綜産業	法面工事用の階段。設置角度は20～75度の範囲で自由に設定できる。軽量のアルミ合金製。階段全体がユニットのため、従来に比べて設置が容易	12万2850円(1.2mタイプ)、16万3800円(2.0mタイプ)、20万6850円(3.0mタイプ)。左右手すり付き	約9000台
30	ピタリング(簡易式体感マット) 2004	上北建設、アラオ	一般ドライバーの居眠りや脇見運転などによる道路工事のもらい事故を防ぐため、路面に設置するマット。凹凸で振動と音を与え、ドライバーの注意を喚起する	10万6785円(マット本体を9個連結して使う場合)	157
31	DKボンド工法 1974	第二建設	落石の恐れのある岩などの安定性を向上させる工法。専用のDKボンドモルタルを亀裂部分に充てんする。自然石をそのまま接着できる。機械設備は少なくて済む	220円/kg(目地用、DKボンドモルタルの単価)、250円/kg(注入用、同)	約120
32	耐候性大型土のう「ツートンバッグ」 2005	前田工繊	紫外線劣化に強く耐久性のある大型土のう。河川や道路などの災害復旧工事に用いる。施工性がよく、コスト削減も期待できる	5600円/袋(1年対応品、BOS-20N-1)、6700円/袋(3年対応品、BOS-20N-3)	101
33	細目グレーチングふた対応の跳ね上がり防止金具「グレーチングストッパーSP」 2004	丸運建設、エコシビックエンジ	道路側溝などのグレーチングふたの跳ね上がり防止用の金具。既設・新設、細目・並目を問わず設置が可能。内蔵スプリングと専用治具で騒音や盗難の防止に効果がある	3000円/個(シングル)、3300円/個(ダブル)	53*
34	手すり先行工法　F-1先行型二段手すりとつま先板 1998	日綜産業	手すりを先行して組み立てるシステム足場。手すりは安全帯の取り付けに利用できる。つま先板との組み合わせで、人や物が落ちるのを防ぐ	5880円/m²(支柱、手すり、幅木を含む)	多数
35	対向車眩光対策装置(タフ眩光防止板)廃タイヤチップを用いた眩光防止板 2001	タフバリア	廃タイヤチップを使った眩光防止板。中央分離帯に設置して対向車のヘッドライトの光を遮る。主な材料がゴム製なので、衝突時に車へのダメージが少ない	1万3300円/枚(A-1型。350×500×18mm、矢印なし)、1万5300円/枚(A-2型。350×500×18mm、矢印付き)	17
36	橋梁・高架の排水桝及びエンドアングル付グレーチング対応の跳ね上がり防止金具「グレーチングストッパーSSP」	丸運建設、エコシビックエンジ	トラックなどの走行によってグレーチングのふたが跳ね上がって外れるのを防ぐ装置。シリーズ製品に比べて部品数を減らし、小型化した	3675円/個(橋梁、高架橋用)、2625円/個(エンドアングル付きグレーチング用)	9
37	FBG光ファイバセンシングシステム(T-FOpSS)	飛島建設、Insensys、東横エルメス	地盤の変状を監視できる伸縮計や傾斜計、水位計と光ファイバーなどからなるシステム。1本の光ファイバーで100点までの計測が可能	都度見積もり	3
38	Webリアルタイム監視システム	飛島建設	斜面やトンネルの変状をウェブ上でリアルタイムに監視できるシステム。危険情報のメール配信、監視業務報告書の作成などのサービス提供が可能	10万円/月(システム基本使用料。計測システムや計測期間によって変動)	1
39	折畳み式防雪柵	アサヒ建設コンサルタント	冬季の地吹雪時の走行安全性を確保する防雪柵。柵の傾きを変えて雪の吹き留めと吹き払いの両方に利用できる。不要時には折り畳める	6万8250円/m	1
40	速度抑制効果を有するトンネル内装技術	阪神高速道路、いであ	過速度車のみが速度を抑制するようになるトンネル壁面のデザイン。模様の形や連続性、間隔などの要素は、ドライバーの心理分析に基づく。トンネル以外にも応用可能	5000円/m²	1
41	道路ネットワーク被災予測システム	鹿島	自治体の防災計画の作成などを支援するシステム。大地震などに対し、物資の緊急輸送や人の避難経路となる道路ネットワークの被災状況を分析・予測する	都度見積もり	1
42	Water WallⅡ(建造物への浸水防止装置)	JTSプロダクツ	特殊ゴムの蛇腹式袋体で、給水すると膨らみ、ガイドに沿って上昇し、周囲と圧着して浸水を防ぐ。設置場所の下に折り畳んで格納する	496万5000円(幅2m、高さ0.7m、本体価格)	0
43	洪水プロテクトシステム	HOP Logistikplanung Technik/篠田、住軽日軽エンジニアリング	アルミパネルを使った洪水防止壁。あらかじめ基礎を施工しておき、緊急時に支柱を立ててパネルをはめ込む。パネルの高さは増水状況に合わせて調整可能	未定	0

*2007年4月～12月の実績

2008.4.25　NIKKEI CONSTRUCTION　105

岩接着ＤＫボンド工法

Contents

中小建設業周辺事情
違和感を考察する

Contents

本文中引用文

File 3　・勝海舟の言葉　より

・2002.4.29プレジデント40巻8号　沼上幹　記事　より

File 5　・土木学会誌vol.95 no.1 Jamuary 210　第8回安全の神はいないが　より

File 8　・2011.5.14 朝日新聞より

File 9　・私的独占の禁止及び公正取引の確保に関する法律　より

File 14　・H11年度建設省監修土木工事積算基準より

・落石災害防止協会・協会刊　H22「積算基準2000」より

File 15　・2012 .7.13 朝日新聞　私の視点　久保みずえ投稿　より

・Civil Engineering Consultant　Vol256 July 2012 P-052　より

File 16　・日経コンストラクション2012　7.9　P-27　より

File 24　・H11年度建設省監修土木工事積算基準より

File 1

属性とはなにか、政党とは、会社とは

～言葉づかいから察する組織の体制～

今回の政権交代のテレビ報道の中で、私の記憶する限りいままでに世間で見聞した行政・政治関係の方からの公式発言としては、生まれて初めて聞かされた「言葉づかい」がありました。

それは、新任した内閣官房長官・平野某氏が記者に対するコメント中で「・・・鳩山に伝えて・・・」「鳩山が・・するでしょう・・」という「言葉づかい」をされたことです。

私としては政治家ないし官僚の発言としては初めて、発言者当人の思いが心地よく聴取できたという味わいを抱きました。身内としての属性が正しく表明されていて順当な表現であると。

私は従前、党派を問わず「・・・（総理に・・課長に・・など）ご相談申し上げて・・・」などなどその世界での立場の上下を問わず、「公」務員」またはしかるべき企業人のなかでさえしばしば聞きづらい「丁寧語のつもりの尊敬語・ないしは謙譲語」がはびこることに不快を抱いて、その行き着くところ「このことに観られる属性の欠如が行政官僚の無責任体質に通じる」として後添付のような愚論を記したりしていたのです。

しかし・・・。

そこで考えたのですが、もし仮に初当選の１年生議員・小沢ガールズとか揶揄される若い議員さんなどが、「・・・小沢が・・・」「・・・鳩山に・・・・」と発言した場合、それはやはり「礼を欠く」との批判がわくのだろうか、とすれば、「政党というのは会社と同じ次元の「利益（我益？）集団ではない」のだから逆に平野氏の言葉使いは、「鳩山子飼いの（利害集団）意識のみえみえの幼稚な発信であって、「公」の世界では慎むべきこと」という具合に、近日平野さんはその世界で叱られていられるのだろうか？と、考えたりしました。

どうでもよいことと思われるでしょうが、案外こういうところにも一つの信義・真偽があるのではないかと思うのです。

なにはともあれ、このことについての考え方をしかるべき方からご指南いただきたいものと模索していますので、よろしくお願いします。

（平成21年9月25日）

File 2

敬語の使い方について

～身内（想定）の違いから生じる敬語の混用～

ひとことで敬語といいますが、その使い方によって尊敬語と謙譲語、そして丁寧語という3区分をされるのが一般のようです。

ここでは、会社業務上の会話において会社内外の関係者を第三人称（C）として語るときの尊敬語と謙譲語のありようを考察します。

相対的他人を尊敬語で語り

まず、会社外の相手（第二人称＝B）にたいして、同じく会社外の人（第三人称＝C）について語るときは、「Cさんが・・していられた。・・・いらっしゃった。・・」というように尊敬語を用いることが一般的で、かつ無難です。特にCがBから見て上位にあるといえる場合は尊敬語を用いるべきです。

但し、自分とCとの親近度が、BとCの親近度よりもあきらかに近しい場合は、Cを「相対的に身内」として位置づけて、以下でいうところの「身内の謙譲」をもってするべきです。
「自分の親しい・・会社のC部長が・・と言っておりました。」というのが正解で、
「・・会社のC部長が・・・と言っていられました。」ではBが？と首をかしげると思います。

以上のことは、「遠い他人を尊び、親しい身内を謙譲する」という会話のルールとしての基本の構えです。（あくまでも「会話のルール」であって、彼我の本質的人格を忖度するものではありません）

相対的身内を謙譲語で語る

次に、会社外の相手（第二人称＝B）にたいして、Aが自分の会社の者（第三人称＝C）について語るときは、仮にAが課長職でCが上司（部長・社長）であっても「C(部長)が・・していました。・・言っておりました。」というように敬語を用いないで語るのが普通です。
そうでない場合、CがAより上位にある場合、Aとしては丁寧語のつもりで用いているのですが、Bとしては極めて聞きづらいものです。

丁寧語と謙譲語の混用がなぜ起こるのか

私の持論では、これは日本的「官尊民卑」さらに言えば「天皇一家制」に根っこがあるのではないかと考えます。

どういうことかというと、

前時代、たとえば県知事は官選でした。知事に限らず「官吏」は、天皇の「部下」として人民を治める任にあったのです。

そこでは知事の身内(部下)たる官庁官吏Aがたとえば「C知事がおっしゃっていられる。」というように尊敬語を用いて民たるBへ発言することもうなずけるわけです。

この無意識のなかにある国民一家意識の基盤は、国民が選んだ「公務員」の間でもなお払拭しきれず、丁寧語という意識に摩り替わって用いられているのではないでしょうか。

わが国の外交官Aは外国の要人Bに対し「わが国の天皇（または首相）Cが・・・・とおっしゃっておられるので云々」と語ったとしたら、

「相対的身内を謙譲語で語る」原則には逸脱します。

ここはやはり「わが国の首相が言っているので・・」のほうが聞きやすいと、私は考えます。

結語

社外の人Bとの会話では、社内の者Cを語るとき、たとえCがAにとって上司であっても、社長であっても、(丁寧語のつもりかもしれない) 敬語を用いることなく、身内として語るべきです。

(平成16年12月某日)

File 3

「会社」考大略

（会社とはなにか? 業務とはなにか?）
～会社の生存権と、業務について～

当考（稿）は、当社が制定する「就業規則」，「会社機構」、その他「QMSマニュアル」などの諸建制を包括して、「会社」とは何か、「業務」とは何か、という極めて常識的とされながらも日常口議に上る機会の少ない主題について敢えて記述することによって、社内で業務上の諸議論が展開する土俵（議論のステージ）を事前に識別し、もって実務討論の有意義な展開を期待するためのものです。

私は率直な実感として、何事によらず命題（○○は△△である。といった主張を持った言葉）を識別するためには消去法によることが早明である、と考えます。否とする命題を確認することが是とする命題を浮き上がらせてくれるものである、との実体験は体質によって好むと好まざるとに由らず、各方々がそれぞれの体現としてお持ちのことと思います。したがって以下の口述ではしばしば否定的命題を主張することが予見されますが、各位のご寛容を乞い願うものです。

ことばは適切でないかもしれませんが「教条的に、あるいは権威にもとづいて」強力かつ鮮明な是とする命題を標榜して集団を牽引する方法論は、その牽引力による発展効果、慰撫効果以上の、軋轢と齟齬を生んでいる実態が世上随所に見られると思います。

当冊の構成　は次のとおりです。

1 「会社」とは何か　＝会社に生存権は無いということを認識したいと思います。

2 「業務」とは何か　=全ての業務は目的のためにする手段であるということを納得したいと考えます。

1「会社」とは何か

日本にカイシャというものが出来てから、まだたかだか100年少々です。現行諸法規にもとづく「会社」はせいぜい、1945年以降50回程度の期間「決算運用」を体験したに過ぎないことです。当社は、このなか36年をすごして今日に至っています。

そのようであれば、昨今の社会事象を論ずるまでもなく個別、独善の会社考があっても良いと思います。

年々歳々人同じからず。それぞれの時の会社構成員、係わる業界広くは社会全体から及ぼされたであろうそれぞれの考え方と力量が取捨された結果、今日があるということを感じます。

ここで大切なことは、幸か不幸か当社は創業以来継続して今日在るが、今日ある（流行言葉で言うと　生き残っている）からといって、折々に取捨された諸元の個別評価は必ずしも一元的ではなく、ひとえに評価者の、当社に係わっての利害そのものによるという事実、さらに言及すれば、会社に対峙してもちろんのこと善意に、合法的にかつ双方向に利用し得たその成果によってこそ評価が左右されているという事実、であると考えます。

よって自戒。勝海舟先生の言「毀誉は他人の評価、我が物にあらず。行蔵は我に存す。」（世間の評論は評価者の持ち物であるから気にしても仕方が無いが、自分の行動については弁明の余地が無い。またその必要も無い。という意味かと私は解釈しています）

さて戦後、憲法に始まり諸法が「人間の生存権」という主題に最大の機軸を設定してそのめざましい成果を上げる中で、会社という集合体もまた個別構成員の生存のためにこそ存立する意義があるとする感覚が、自然に、我々経営側にも浸透しているのではないかと、近日述懐するものです。いわく、人を活かす、と。またいわく、広く社会に認められるために、と。

しかしながら、会社の目的とするところは、人を活かす、という重い主題も敢えて集団運営上のひとつの手段と位置づけて、株主が投下する資本の安定的かつ恒久的な拡大を図るところにある。という当然にして原則的な確認をしておきたいと思います。

このような言辞は、いささか前時代的に労使の対立趣向と捉えられ、あるいは創業者を継承する、比較的大株主の独善と受け取られる向きもあろうかと危惧いたしますが、会社を存立する基本的立場にある者として一言言及しておく必要を感じています。

会社は、役員会が委嘱し株主総会によって承認された役員団によって構成員を選定し、各種合法の契約にもとづいて、限定した（会社定款に定めた）業務を実行する。

その目的は、前記のとおり一意に株主資本の拡大です。

従って会社は、観念的には株主たりうる世界中の人々にその存立を容認されたいと考え、その積極的な容認の結果として資本を募り、もって業務の展開を実行する。ということになります。つまるところ、ここにおいて堂々たる会社理念＝株式の公開、上場を企図する道が志向されます。

ところがここには重大な隘路があるということに気がつくべきではないでしょうか。

上記前段のごとく、会社は「人間の生存権を第一義とする社会」の縮図である、として、「社会」の根本規範を会社になぞらえて運用することは、自由社会に於ける民間企業ではよもやあるまじき事態でありましょう（無防備な雇用の拡大に対しては経営側の警戒思考はおのずと発動されるからあとは手続きの問題となる）が、

前述したとおり戦後民主主義の観念が集団運営上の手段として重用されかつその標榜が一定の成果を達成するに至っては、会社役員が自らの存立基盤としての株主・ひいては支援者・顧客に対し開かれた会社であることを喧伝して尚自らの能力を活かし、その実、創業者あるいはそれに類する株主等が自らの投下資本を早期に留保せんがための方法論とあいまって、または結果そのようであることを期待して、このような観念=（株式公開・上場を企図する道）=に陥るのであろうかと、今日の社会の混乱を不遜ながら考察するものです。

有り体に言えば会社において私は、とりわけ小規模会社においては観念の上で株式の上場、ないしは同族経営からの脱皮（・・・という具現の下での経営手法）を夢想し、相応する業務遂行の方法論として民主主義を説くことは、それがあくまで方法論にとどまることの限界をおのずから露呈して、ささやかなる株主の利益を損なうのみならず、善良の労働資産をも損耗する結果となるのではないか。と考えるに至っております。

とは言っても私の主張は、経済レベルでの志向として株式占有を是というものではないつもりです。「資本」と「経営」と「労働」、各々についての拡散度合いは業種、規模、構成員の性質、資質などによってさまざまな議論があるでしょうが、ここで問題にすべきは、これら「会社3項」をどう分散処置するかという経営論議ではなく、各個人において「会社3項」に対してどう関わるかというテーマのほうです。

あとで述べる、業務の縦貫=［営業・施工・総務、3部署の業務を縦覧して

掌握する姿勢］＝を唱える同じスタンスで、私は資本・経営・労働は本来縦貫されるべきであるとの立場をとります。いわく専業総職。

株主を国民または市・県民に模し、株主総会を国会・自治体議会になぞらえるとき会社役員会は運営という立場上内閣または自治体当局に相当し、会社総務部を公務員集団としてイメージする図式がみえます。が、ここには本質的にラップし得ない事実があります。

公務員集団は母集団（国民・市民）からの選抜雇用であり原則終身制であるが、会社総務部員は会社母集団＝株主、またはそれに類する集団からの選抜によるのではなく、執行部の個別任意の契約に拠る雇用関係にあって、生産コストの一部として常に経済則のなかで加減されるという点です。この違いがある限り会社が運営手法として、社会組織に置ける民主主義を模すことは観念上ですら無理があると思います。

モデル主体；	国家	会社
設立構成員；	国民	株主
執行部　；	議員–内閣	役員
運営部　；	公務員/国民	総務員/国民（一般には株主でない）
実業部　；	実業/国民	実業職員/国民（一般には株主でない）
還元母体；	国民	株主

上図右欄の、国民（　　　　　）のところで、会社モデルと国家モデルと

では本質的にラップし得ない集団構成上の相違点があるという、このことの意味が理解されるならば、会社を国家モデルになぞらえた甘美な理念民主主義志向に陥ることなく、「会社に生存権は無い」というごく当然の命題が確実に認識されることと思います。

2 「業務」とはなにか

起の章　会社における各種の業務をレビュー（展覧）してみると

① 各個別営業物件の遂行に直接的にかかわる各部署（ライン）業務、と、
② 各個別営業物件を包括して、あるいは各個別営業物件を横断的に集約して構成されるスタッフ業務、とに大別2分されていることがわかると思います。

ただし、ここでいう営業物件とは、建設業においては個別の「工事そのもの」を指すのであって、言葉の定義として、いわゆる営業職域の活動に限ったものではないことを確認し、かつ理解しておいていただきたいと思います。

ところで、上記の②をよく読み砕いていただけば、文中の2つのフレーズ（言葉）は業務の性質上まったく異なるものであることがわかっていただけることと思います。

ここでは具体的に2つの業務を挙げてその違いを認識していただくことをお願いしておき、次章に進めたいと思います。

たとえば 「入札指名願い関係書類を作成し、提出する業務」を考えてみます。

これは上の②のうち前段でいうところの各個別営業物件を包括する業務であり、考え方としては「総務部・営業課」で分掌され、総務部（営業課）員によって作成され、課長職位によって確認、部長職位によって承認される業務であるといえます。

こういった、各個別営業物件を包括する業務は、もちろん業務上の知識、処理能力等に高度の力量を要求されるところであるが、(特に法務・財務など)中小企業の実務上はあくまでも生産ラインから離脱している業務である。といえます。

この例に該当する業務はいわゆる「専門職」という呼ばれ方をされて一般には、現在その任にない社員各自による研鑽があったとしても人事上の拘束、つまりは組織の、経理上言うところの固定費用の増加に対する潜在的懸念に起因して別者がその職に就いて力量を発揮することは容易でないという場面があります。

当稿ではこの例に類する業務については直接的には多くを語りませんが、次に記す各個別営業物件を横断する業務との区別を明確に認識していただくことが後に述べる本旨のために必要です。

たとえば「ある一定期間の入札指名実績件数を、指名願い提出先別に統計して営業(ここでは狭義)の効果/方法を検討する業務」ということを考えてみます。

これが上の②のうち後段でいうところの各個別物件を横断する業務であり、本来であれば、「営業部(総務課)」に分掌され、営業部員によって作成され、課長職位によって確認、部長職位によって承認される業務であるといえます。

こういった、各個別営業物件を横断する業務は、個別物件に対応する職能自体は各者に既得のものであるはずで、その職能の向上に伴って、あるいは職務位階の上昇にあいまって当然に、個別物件の処理に飽き足らず複数物件を統括するなどして、各職域において達成される事項である。といえます。

このレポートは以上起章において、上記②の前段　各個別営業物件を包括する業務　と同②の後段　各個別営業物件を横断する業務　との本質的区別を示唆しておいたうえで承章において、②の後段　各個別営業物件を横断する業務における力量の向上は、各級管理職位に在る者にとっては自ら当然に習得されるべきであるとの思いを語るとともに、一般にはこの段階を以て業務上の向上目標とされることの背景に揶揄を入れて

転章において、むしろ各個別営業物件を縦断する業務に各位の力量を発揮しようとすることこそが、中小企業にあっては極めて効果的であり、また各位にとっても有意義な成長となるのではないかとの提言を語り

結章として、「全ての業務は目的のためにする手段である」との主張を語ります。

承の章　　各個別営業物件を横断する業務

結論から言うと「個別営業物件を横断する業務」は、専門領域の如何によらず各級管理職位に在るものにとっては当然に自主的に、そして自然に、粛々と実行されるべき業務であると考えます。

人は経験を積み同種業務を繰り返すときに、その中に何らかの規則性を見出すものです。その規則性を自らが蓄積するとともに後輩に教示することによって業務の効率を高め生産性を向上する。これが人のひとたる所以であろうと考えます。

しかしながら、規則性は、経験し学習する現象のなかに時々単純には納得しがたい、かつて味わったことの無い現象つまり不規則性を見出すからこそ理解されるのであって、漫然と経験則なり、学習知識を運用するだけでは本来の規則性の蓄積、教示とは言えずかえって業務に混乱をきたすものである

ことを、経験上各々よくご承知のことと思います。

この不規則性を発見したときにこそ、各人にとって業務対応上のバリエイション（種類分け）がインプットされ、そしてその不規則性の発生する確率、あるいはサイクル、そして形態の種別といったことについて関心を抱き不規則事象の出現をあらかじめ予見して対応方を思案すること、このことが管理職の・・・たるゆえんであるといえます。

前章において営業部における一例として挙げた物件横断業務は、「指名願の提出という業務」が、［このことをしておけば必ず工事の受注がある、というものではないが、工事の受注（直接受注）をしようとすれば必ず手続きとして必要な業務］であるということをまず学習した上で、その有効性とコストを検証しようとする作業であり、同様の事柄は各部門において日常多々言及されることと思われます。

営業部としては、各員ベースにおいて　①顧客（方面）ごとの消耗経費と達成利益との効率比較　②訪問回数と達成件数の相関　③達成物件に共有される顧客側の予算等の現象と、特約店含む我が方の人的構成　④引き合いあるも不達成に至る経緯の分析　などなど。

工事部としては、たとえば①宿泊式と通勤式の、コスト比較とその運用適宜　②一日受け渡し制（いわゆる小マワリ）と時間計算制の虚実検討　③数量変更による見掛け経費率の増減　④何よりもまず、複数工事の連結実行予算―決算に対する意識の涵養　などのことが思いつきます。

このように書き上げて業務上の課題として押し付けられるとなれば、自身の体験からしても、つい反発を言いたくなるものだと思います。いわく会社がデータをくれない・・。その立場にない・・。

しかしこの段階で反発があるのは、自らが業務展開するステージを現在の任務に自縛して越権を慎むがごとき配意を免罪符としつつ、その実、所管外部門の不届きをもっては自らの生存権を犯されまいとする、親方日の丸の中での無責任なセクト主義に他ならない。と私は考えます。

なぜ、**会社がデータをくれないという前に自分が仮定したデータを用いて、所管横断業務を統計・解析しないのか**と反問します。もしこのことが出来たなら、その者は所管の部署に飽き足らず、自らが実行技量を有するかどうかにかかわらず出身職分を脱して、個別物件の縦断把握へとその関心を向けるに違いないはずです。

つまり所管横断業務への関与は、管理職としての予備選とでもいえる段階であり、次章、個別物件縦断業務へ関与するためのステップとして認識していただくべきことがらです。

会社は前章に述べたとおり、いつでもその存立を断つ（断たれる）ものである以上、国家において人が自らの生存権を唱えるように自分の任とする業務において粗相無ければ生活を保証されるとの考えは、会社にとってのみならず各員にとっても極めて危険な分業主義を醸すこととなります。

分業主義が危険なことだというと・・・

花の色は美なりといえども独り開くにあらず
春風あって初めて開く・・　と、同志・朋輩との協同を説く心訓が思い起こされるのですが

分業自体大切なことであり、効率からしても必ずしも否定するものではないが危険な芽吹きは、分業する各員を「融和し」、「調整し」、なかんずく「君臨する」等とした業務がコストを超えて準備される、そのことにあると思います。「政府」が大きくなってしまう素地が生まれるのである。

日本国の行政府のことなどはいざ知らず我々小企業にあってこのことは、たちまちに固定費用の増大として表れ、結果として健全な労働環境を阻害する

ものとなってくるのだといえます。

転の章　個別営業物件を縦断する業務

私は、建設業を営む当社において最も多くの管理職者が期待される業務力量の様態は、ここで語る、個別営業物件を縦断する能力であると結論します。

念のため補足しておきますが、この能力が他の能力に比して最も重要である、と主張するのではありません。この能力に長けた管理職者が最も多数必要である、ということです。

ひとつの営業物件を縦覧すると次のような業務（作業）があることが判ると思います。思いつくままに羅列します。後刻ここのところを精密に書き上げてISOシステムとの整合を急ぐ必要がありますが。

①　顧客（となりうる・・？　中にはスパイ・・も）方からの予告、質問依頼、打診、観測、けん制、威嚇、などなどに対する受信と応答。

②　①に対する追跡と、見極め、コスト判断、我が方有利を図る折衝、一般には現場確認と調査・設計・積算作業。

③　②に伴う施工体制の確保と変動の予見・・・ここで我流に言うと・・「辺境の認識」が必須科目です。

④　入札対応業務または下請け折衝業務。ここでは価格知識とコスト感覚が必要です。もちろんさまざまな駆け引き技量も・・。

⑤　このあたりから、いわゆる工事部の業務となり、プロジェクト会議・・実行予算・施工計画・仮設計画・労務計画・供給者の選定・・。

⑥　工事の実行＝顧客サイドとの折衝、周辺関係者との係わり、社内関連事項・・入金支払いの先見・・。

⑦　・・工事管理諸元・・
⑧　完成品の提出＝一般では配達業務
⑨　実行予算に対する決算確認と差異の分析・原因の究明
⑩　顧客関連のケアとクレーム、満足度、の統計・分析
⑪　営業手法・製品の見直し、改善
⑫　人事の評価、再構築・・

まだまだ内容を精査することが必要ですが、以上のような業務、というより作業があることをまず理解して、次にそれぞれを精密に整理・構成し、各業務ごとに充当する社員の力量評価基準を策定して選任し、運用する、というのが一般集団の構築プロセスだとおもいます。当社においてもこのことがISO運用上必要となっています。

ここでは現実業務運営上のあるべき考え方の一例を示します。キーワードは「総量の把握」です。

たとえば上の⑨の業務、私の暗算では当社において年間10000時間ほどの業務であろうかと読みます。
私としての基礎知識・経験から、一工事当たり8時間として
8時間×100件=800時間プラス毎月5時間×12ヶ月=60時間　＋α
足りませんか？　それとも過大でしょうか？・・

言いたいのは、この1000時間なら1000時間の作業をどう分任するかということです。何人がこの業務に係わってしかるべきかということです。

一人、工事部長という職に就く人が、年中毎日この業務を行うとすれば日々4時間ほどの仕事となります。まさか1月から6月まで毎日実行して　120日×8時間でこなす、という回答は無いでしょうが、私としての結論は、プロジェクトリーダが10人で一人当たり10工事担任とすれば、10件×8時間./件=80時

間、これを毎月1日でこなす、というのが妥当な運営であると思います。あくまで一例として。

判りやすく主語をプロジェクトリーダとして言えば、プロジェクトリーダは毎月1日、担当工事の決算学習・分析・対応の検討に当てること。となります。

このようにして、仮に上記①~⑫の作業を社員A, B, C・・・者に分配してみると見えてくるものがあると思います。

一言で言えば、一物件の中で個別業務が分業されることの非効率、とは言わず、非臨機性、非可塑性　つまるところ固定費の増大と損益分岐点の上昇・・・しかし怖いのは分業そのものではなくて、こういった傾向を専門性の向上であると錯覚し、それを「統括、調整、融和する業務」が想念されることなのです。

私は、当社において今日最も必要とされる業務指針は、「個別営業物件を縦覧して管理する業務能力への評価誘導」であると考えています。

このことは、一見ISOにおける、「分業を前提としたリリースシステムの確立」という方向に水を差すやに印象されるかもしれません。が、それは誤解です。まったく矛盾しないのです。ISOの言わんとするところは、人と人とのリリースに限りません。むしろ一人の中でのリリースを文書で公開するという、むしろそのことこそがISOの本領なのではないかと、私は考えます。

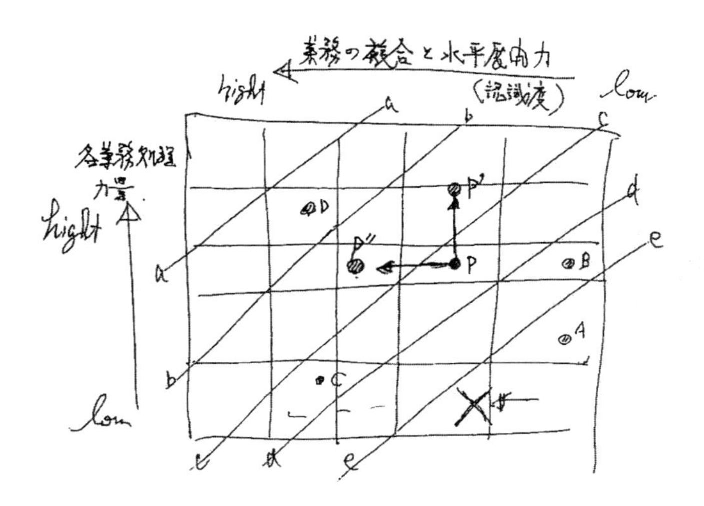

グラフの特性

1. 大組織において　a—a, b—bなどの線は緩勾配となり、小集団では、急勾配となる。

2. 例として　●Pに在る人材が本務において力量アップすることは●P'への移動として表示される。

3. c—c急勾配であるときは　●Pに在る人材の給与アップ、即ち要求力量のアップはP→P'よりもP→P''のほうが近道ということもある。

4. ISOの学習は、各者（A, B, C, D）とも上方への努力であるがa—a, b—bなどのラインを緩化する結果を生み、分業化を助長促進するものともいえる。

結の章　全ての業務は目的のためにする手段である。

ここでは「業務上の手段」が目的化することの危惧を述べる代わりに、以下記事を部分抜粋したかたちで引用させていただく。

2002.4.29プレジデント40巻8号ビジネススクール流・知的武装講座
文、沼上幹 「人望のある管理職」が組織を腐敗させる　より

スキャンダルの時代とその「基本図式」

・・・・・・・・・・・・

スキャンダルには基本形がある。登場人物は、告発する人と告発される人と「周囲の人々」である。

・・・・・・・・・・・・

まず告発される人である。たとえば現社長が「A常務を次期社長に」と方針をかためたとしよう。

・・・・・・・・・・・・

A常務を告発する人は、匿名というのが一般的である。その意味では、告発というよりも密告なのである。

・・・・・・・・・・・・

「A常務が社長になるのなら、これをマスコミに流すぞ」という脅しが書かれている。「周囲の人々」である会社の重役たちに動揺が走る。

・・・・・・・・・・・・

こうして、A常務は失脚し、他の穏健派の社長が生まれる。

・・・・・・・・・・・・

バランス感覚のある宦官の「美しい言い訳」

・・・・・・・・・・・・

そもそもダメな組織の重役たちが「混乱」というコトバでイメージしていることは、社内で自分の立場や構想を明らかにした議論が生じること、また自分がどちらかの立場に立つのか旗振りを鮮明にして、社内の激しい議論のやりとりに巻き込まれることであったりする。本来であれば、トップ・マネジメントの要職を占めている人々が、自分の構想を明らかにして、侃々諤々激しい議論を戦わせていなければいかないはずなのだが、実際に大規模組織のトップに上り詰めていく人たちは自分の意見を言わないことで生き残ってきた人たちである可能性が高い。自分の意見を述べず、自分の立場を常にあいまいにしておくことが、「大人」の対応だと思い込んでいる。

・・・・・・・・・・・・

いま自分が直面している嫌な場面、つらい場面から逃げだしたいと思っていて、「嵐」が通り過ぎるのを耳をふさいいて震えながら待っているのである。ここに「バランス感覚のある宦官」が登場する。この人はおおよそ、次のような話を「ヒソヒソ話」で皆に流し始めるはずだ。

・・・・・・・・・・・・

A常務のためを考えたら、ここは穏便に済ませるべきだろう。A常務自身は問題ないと言ったとしても、彼には大学一年のお嬢さんがいる。そのお嬢さんまで好機の目が向けられる。たとえ密告の内容がウソだと後でわかったとしても、人の噂は真実で動くわけではない。後々お嬢さんの縁談に悪い影響が出るだろう。強硬にA常務を推している人たちは、ここまでちゃんと考えているのか」「バランス感覚のある宦官」がこのような「美しい言い訳」を組み立て、事件化することに恐怖心を抱いている優等生経営者・管理者たちの心を掌握するだろう。事件化すること自体を恐怖している人々は、ここで安心するからだ。

・・・・・・・・・・・・

奇妙な権力が生まれるのは、まさにこの瞬間である。

・・・・・・・・・・・・・

根性のない「優等生」たちが恐怖にとらわれ、その恐怖心を気持ちよく解消する「美しい言い訳」をつくり上げる宦官が権力を握るのである。

・・・・・・・・・・・・・

組織の腐敗を食い止めるには

・・・・・・・・・・・・・

確かに集団を心情的にまとめるとか、共同体を共同体として維持するといったウチ向きのマネジメントも大事である。しかし、それがいかに大事に見えても、その大事さは、新製品を開発したり、信頼性の高い製造を行うことか、新規市場を開拓して売上アップするといった、利益を稼ぎ出す企業の基本活動への貢献より重みのあるものにはなりえない。

・・・・・・・・・・・・・

長期にわたって安泰な状況が続くと、多くの人が利益を生み出す基本活動よりも共同体の一体感の維持を重視するようになっていく。心情的配慮があまりにも重視されすぎ、企業の外向きの発展にとって何ら能力のない者が奇妙な権力を握り始める。「そう言えば、最近ウチ向きの配慮が多くなりすぎたかもしれない」と思われる企業は、上級管理者の権力基盤が何なのか、もう一度点検することをお勧めする。

以上、抜粋引用文

（平成14年5月1日）

File 4

「建設業法の精神」と「天下の洗脳」

～官公庁は適用外である建設業法についてなど～

近日、業務上のいろいろな問題についてその解決のために考えを重ねるうちに、標題のことをまとめて一文を書き留めておきたいと思うようになりました。

しかし書き言葉として考えながら作文するのはこの種のメッセージの伝達には相応しくないともいえるので、以下はダラダラと語り流しを書き留めます。

建設業法というのがあります。

この法律は文字通り**建設業者に適用される法律**であって、当然ながら最近になって気がついたのですが公共工事の発注機関である県などに対しては適用されません。

法律が主張する重要な達成目的（の一つ）は、業務上において「金を支払う側の建設業者がその強い立場を利用して、支払いを受ける側の弱い立場の建設業者を圧迫することがないようにしなさい。」ということです。

圧迫という言い方は、場面、背景・・・いろいろによってその程度も千差万別ですからここで客観的な表現はむつかしいですが、具体的に、かつ日常的な例で言えば、元請け側の指示に応じて下請け社・者が契約内の仕事をこなした場合、「元請け側は下請け側に対して、一か月以内に相応の現金（人件費相当の総額以上の額）を支払うことが必須である」としてその処置を要求するというものです。
これが法の精神です。単純に言えば。

建設業法では、そのことを約束として確実にするために、施工に掛かる前に注文書ないし契約書を交換しておくように定めています。注文書は「法の精神の具体的表現の一例」なのであって、これ自体が「唯一尊い目的」なのではありません。ましてや実労働の事後に至って、しかも支払い実態に相違する記載の注文書を発行するなどのことは、仏作って魂を入れずという言葉が適切かどうかわかりませんが、少しおかしいのであって、注文書があったからといって全くその法の精神が果たされていない現実も多くあります。

つまり、注文書があればそれでよしということではなく、注文書には上記のような「執行の約束」を記載したうえでそれを公の社会に証拠として提出しておき、それでもって「下請け側が安心して仕事ができるようにしておく」という法の精神の具体的表現としての役目があるのであって、経営審査のため、あるいは業務運用実態調査のために書類をそろえておくというようなことは小手先の要領に過ぎないのです・・・。

官公庁ならそれで良いのです。契約の事後証明で有用なのです。

工事発注機関である県当局などは、建設業者ではないので、建設業法に縛られることはありません。

したがって、 一例として工事が原契約金額7000万円で開始されたが、しばらくしてこの額を超えて施工することに甲乙合意したという場合、変更契約を直ちに交わすことなく、増工を実施しながら進行し、数か月経過後、工事完了間近の時点で（契約日付自体もその時点のもので）増工分5000万円を変更増契約するというようなこともままあるわけです。これで手続き不行き届きとはいわないのです。

これは業者側としても「契約書がなくても必ず金をもらえる」という●に対する安心感が、変更契約書遅行のストレスを凌駕しているもので安心して、また事務的にも合法の中で無契約で進行して、もちろん立つべき土俵自体が建設業法違反でもないわけですから、発注当局は堂々とこういう事務執行を為されています。

すなわち、ここでは注文書が発する精神は、金の支払いを受ける側へのストレス担保などという意味合いではなく、後日のための支払い事実証書のようなものなのです。それはそれでよいのです。

発注公共機関が増契約をなかなかしてくれない状態で、我々業者にばかり施工に先立つ注文書の発行について「やかましいことを言うな」といった類の嫌気な考え方は間違いです。法の精神が、立場が違うのです。

繰り返しになりますが、何を言いたいのかというと、当社は建設業法によって拘束指導される建設業ですから、下請け側に立つときには法の精神に則り、法の形式達成を要求し、施工に入る段階で事後正しく支払いをうけることの約束担保としての注文書を元請けに要求すべきであり、逆に支払い側に立つときには、この時こそ法の精神に則り、下請け社・者に対して施工後正しく支払いを実施することを達成する必要があるのです。

こういった形で法の精神の執行が果たされるならば、注文書の少々の遅延自体はなんらの不法行為ではないといえますが、日付はどうせなら施工執行に先立つ日付で発行された形をとるべきものです。

以上の逆説的述懐の本意は、法には精神があるのだということを、考えていただくための具体例として述べたまでですからご容赦ください。

私が、公共機関における増契約が施工の事後の日付をもって執行されて遺憾ないものなのだということを気がついたのはつい最近のことです。

休題　　洗脳ということは怖いことです。

当社社員は「出納金という会社のカネ」を一次的にあずかる財布を持っています。このことについて、「出納金がマイナスで報告される」という事態がままあります。

最初に「結語」を言っておきます。

「各自の出納金帳面」は、これは対外的な意味では会社の財布ではなく、あくまで個人のレベルのものであって、故にこれがマイナスで報告されることがあっても何ら不自然は無く、むしろ業務上の遅滞を招かないように会社に協力立て替えしていただく状態の資金であると認識して、しかるべくこれを充填するように措置をとるべきであるが、そのマイナスの発生自体にはなんらの不都合はない。ということです。

しかしながら、「社員立て替え金を包括した仮払金の総額」というものがマイナスになるという状態があれば、これは会社として対外部的に不全の常態であり（資金繰り疲弊・・といった意味ではなく、事務形式としてよくないということ）、すべからく仮（借？）受金という類の科目に切り替えなければならない。ということです。

逆にいえば単に形式としての問題なのです。

ここでは二つのことに気づいてほしいのです。

ひとつは、印象、感情、利害、などなどの良し悪しが如何様であるかという問題はもちろんあってもよいが、それ以前に、形式上仮払金というものは常にプラスで表示されるものであり、これがマイナスになるときには名前が変わって仮（借？）受金という題目になれば、これはこれで整うのだという社会の定義の怖さなのです。

そして社会は本質としての仮払金マイナスの発生を避けるために、これをいけないことと洗脳しているのです。

出納金のマイナスを奨励して、会社の資金繰り援助を画策しているのではありません。

いろいろな場面で「マイナス」という概念の運用は、様々な各人の先入観によって忌避されるきらいがありますが、その前にそういった先入観は誰が何のために植え付けてきたのか、誰にとって都合のよいことなのかといったようなことを考えてみて、自身の運用として積極的に利用すべきである。というのがこのレポートの締めくくり言です。

（平成21年12月1日）

File 5

安全を考える

～複合的工法の優性から想う「構え」～

〈参考添付資料〉「安全の神はいないが」の中段に記されているクイズについて、いずれ機会あれば自身の業務上の思考に有効引用させていただくべく不遜ながら自分なりに精読しておこうと思い、原文に添って読み下しをしてみました。

まず、クイズの中での戦いはA＝最強の賭師（強者）一人対、B＝弱者六名の集団という**団体勝負が一戦**想定されているもので、筆者はその戦いで、大方の直感に反してAが勝ちを収める確率は33％程でしかなくB（団体）が勝つ確率が70％近くもあるのだ、ということを主文本旨の主張を補完する比喩例として提示して居られるものです。

そしてその団体戦の構成は、「A対Bの一番者」、「A対Bの二番者」、「A対Bの三番者」,,, というように一人対一人の個別の戦いを六戦重ねるということのようで、このときそれぞれ個別の戦いの勝ち負け度は各戦それぞれが5/6の確率でAが勝つ、という条件設定なのだと理解しました。

設定された戦いの形が前記のとおりで間違いないものとすると、筆者が結果を記されていることは以下の計算式に拠って算出されるものであろうと思います。

(5/6) × (5/6) × (5/6) × (5/6) × (5/6) × (5/6) ＝ (5×5×5×5×5×5) / (6×6×6×6×6×6)
＝ 15,625/46,656
＝ 0.335

さて以前にこのクイズによく似た設定で使われている逆説テーゼに接したことがあります。その言葉とは

百発百中の砲一門は、百発一中の砲百門に勝る　という言葉で、嘗て日露戦争勝利後の国軍の増長を論じるなどの場面でこの種の言葉のいかにも勇ましい精神論を揶揄してその不条理性を戒めるという文脈の中で用いられていたようです。

いまその論旨には是非もないとして、前記クイズの解読になぞらえて確率論的に数理式表現をするならばどのようになるのかを次節で考えます。

百発百中の砲一門は、百発一中の砲百門に勝る　・・のでしょうか。
答えは殆どの場合「否」です。現実的には絶対あり得ません。
まず単純に、砲一門の側が砲弾の装填から敵陣着弾までに要する時間と、砲百門の側のそれとが同じという条件で考えれば、双方の第一弾（砲百門の側は弾頭百発）が「同時に」着弾した時点で、彼我の大砲数が99対ゼロとなることがテーゼに謳われているとおりなのですから、砲百門の側の勝ちが確定します。砲一門の側がいくら頑張ってももはや大砲がないのですから、ゲームとしての戦いは終わらざるを得ません。

しかしながら、彼我の条件設定次第では「砲一門の側が勝つ」ということになり得るケースがわずかには残っているのです。
そのケースを模索してみると前記テーゼの、確率論的に極めて低い現実的には殆ど絶対にあり得ない成立の土俵が見えてきます。

いま仮に条件設定として、砲百門側が「大砲一基ごとにしか装填一着弾ができないスロースピード」であるとした場合、第一弾では砲一門側は砲百門側の第一基を99/100の確率で砕き、第二弾でまた砲百門側の第二基を砕き，，，99弾まで済んで、最後に一対一の大将戦で刺し違え引き分けとなるか、とい

うのが確立論だと思います。

つまり砲一門側の勝つ確率を数式で表現すると、
（99/100）×（99/100）×（99/100）×（99/100）×・・・・
＝（99/100）の百乗
＝0.90438の十乗
＝0.366　　　　　　　　　　　ということになります。
この結果は数値的にも前節クイズの結果に酷似しています。

ここで本稿にもどって筆者が主張されるところを遠慮なく穿つとすれば、たとえ相当に強い優等の一工法（砲一門、騎または機・・など）があったとしても、複数・多数の並列配備された謙遜劣等（比較下等）の工法集合体以上に安全であるということは確率論歴的に極めて薄いものであるにもかかわらず、あまつさえ個別優等性の学問的検証すら出来ていないいかなる「工法」が、安全工学に対抗して独善的、否論理的主張に偏した「ダム否定論」を擁して堕するのか、嘆かわしくも「学会」としてはそのような主張をする学会員は勘当ものである。ということなのです。
次段にはこの「構え」について僭越ながら私見を申し述べます。

私は工学と哲学は対抗しないものだと考えます。仮に各人の主張においてこの二つが対抗するようでは真面目な主張とはいえないと思います。

〈参考添付資料〉の筆者は次のように主張されています。
自分たち土木技術者（土木学会員）が拠って立つべき工学における確率論では、直列構成の（単一強靭な）工法よりも、個々にはひ弱くても複数の工法を並列的に配した複合的工法のほうが国土の安全確保にとって優性なことが自明である。
いま「コンクリートから人へ」などと工学的検証を踏まえているとは思えない軽口のもとで、公共事業ないしはそれに纏わる土木業界（ひいては自分たち土木学会員）がはりのむしろにさらされているのだが、例えば一河川系統に複数のダムを並列配備して治水に備えようとする工学を否定し得るいかなる「他工法」があるのか、自分たち土木学会員としては未だその工法には不明であり、そのような「未検証な工法」を主張する学者は学会として認め難いものである・・。

しかしながらこの文脈には、ご本人はおそらく認識されることのない巧妙なレトリックが内在しているのではないでしょうか。こんなことは言葉の上での遊びでしかないと思われるかもしれませんが、仮に技術・工学的側面から語るならば筆者が否定される「未検証な工学」こそが、実はひ弱で、権威無く、非（近代）文明的な工法なのであり、長年棋界で公認され、検証を繰り返されてきた「安心な工法」は、いうなれば高度な専門家とされる学会・業界・官界の身内の論理によって構築され被護されてきた、堅実強固な工法・方法論・権威そのものなのではないのか？という懐疑視点の欠落です。

実務上の点において若輩が生意気なことをいいたいわけではありません。ただ人類の実験として、あまりに清々とした論理はしばしば自己矛盾を抱えて破滅するという、なんとなく経験したことがあるような反論を予見するのです。もちろん言葉の上での遊びとしては「ダムから人へ」というテーゼにもまやかしを感じないではありませんが、哲学から始まる政治論も、工学から展開する技術論も、結局のところ「言葉」による多数派工作を経て人類を先導してゆかねばならない宿命にあるのですから、静かに、粛々と、確率計算でもしながら、ゆっくりと生きていきたいものです。

（平成22年3月6日）

〈参考添付資料〉

第8回

安全の神はいないが

土木学会第97代会長
近藤 徹

「私はこの世を私が生まれて来たときより良くして残したい」[1]青山士[2]がモットーとしていたこの言葉で、新年のご挨拶を申し上げる。私たち土木技術者は、国民がより安全で豊かな生活を享受できるように社会資本を整備して、その恵沢が次世代へ及ぶように努めることを使命としてきた。その使命は、青山士の時代も現世代もなんら変わっていない。

安全工学の権威の弁「八百万の神の中にも、安全の神はいない。安全祈願祭は、工事期間中だけでも荒ぶることのないように神にお願いするに過ぎない」。発生頻度はきわめて小さいが、いったん発生すると利用者、公衆の身体等に甚大な被害を及ぼすおそれのある旅客機、鉄道、原発、化学プラントなどの工学分野では、安全を追求する〝安全工学〟が発達している。ここではおよそ絶対的な安全はありえないので、危険度をいかに小さくするかを命題としている。土木工学にも共通の命題である。

ここでクイズを一つ。「サイコロの目が1以外はすべて勝ちとなる最強の賭師1人と、1以外はすべて負となる弱者6人の集団が戦うとする。強者は弱者全員に勝ち残れば勝ち、それ以外は弱者集団の勝ちとする。強者の勝率はいくらか。」答えは0・335。[3]強者の完敗である。これを安全工学流に解釈すると、系を構成する個々の要素（部材など）の安全度（信頼度）は高くても、要素が直列に連結（どれが欠けてもダウン）していれば系全体の安全度は小さくなるし、個々の安全度は小さくても、要素が並列に連結（すべてダウンしない限り機能発揮）していれば系の安全度は劇的に高まる。いかにバックアップシステムを組み込むかが、安全度向上の要諦だ。

これを治水システムで考察してみよう。連続堤防（系）は部分の堤防（要素）が連結した構造で、どの部分が破堤しても、大災害をひき起こす直列型システムである。堤防延長が長いほど系全体の安全度は急激に低下する。他方で洪水調節ダム、遊水地、二線堤、輪中堤などはそれぞれ機能には限界があるが、堤防のバックアップシステムとして、治水システム（系）を並列型システムにすることにより安全度を向上させるサブシステム（要素）である。

最近、土木技術・工学者と言われる人が、堤防を補強すればダムは不要とか、水源林を整備すればダムは不要と主張し、マスコミ、政策決定者に影響を与えかねない事例が見られる。技術の枠をつくして堤防補強するのは当然の前提であるが、どの工法であればサブシステムを不要とするほど信頼性を高めることができるのか。森林整備によりサブシステムを不要とするほど確実な定量的効果を保証出来るのか。これらの仮設は、誤っている場合には住民、地域社会に回復不可能な被害を及ぼすだけに、慎重な検証が必要である。少なくとも土木学会などの専門家集団の場で公表し、多くの専門家の検証を得て定説となるまでは、〝学界の定説〟であると誤解を招く言動は慎むべきである。それが技術者の倫理である。

本年は神が荒ぶることのなきよう祈るとともに、土木工学の基盤をより充実して発展させ、私達が生まれてきたときよりこの世を良くして残すため、会員の皆様と努力したい。

参考文献
(1) 内村鑑三：『後世への最大遺物』
(2) 第23代土木学会会長
(3) 参照「土木学会ホームページ・土木学会の動き・会長室から」

File 6

天網恢恢

～下請け工事における元請け会社の迷走～

起の章

このページではことの正邪には触れず、またその企図するところにも言及せず、彼（後文のなかで甲とよぶ）我（同じく乙と呼ぶ）の利害にも触れず、唯発生した事実のみ時系列で羅列しておきます。

工事着工から施工中の時期　＝　平成20年7月～同年末にかけて

①　甲および乙は「建設工事下請契約書」のコピーを偽作協同して、甲がO県××局へ提出した。

作成は平成20年7月中旬であろうか。平成20年7月11日付表記である。

内実は2枚の印紙15,000円相当をコピーしたものに甲，乙双方が押印して、それの複写を提示するという形である。請負代金（税込）額の部分が**手書きで**￥22,260,000と記されてある。

支払い金融上の記載はあいまいで、ただ「手形比率30％」という記載がある。

②「注文書－１」および「請書－１」が平成20年10月ころであったろうか　甲，乙間で交換された。

平成20年7月1日付の表記である。金額は（税込）￥20,401,500で、この写しは乙が経審に上呈した。

平成22年2月に確認したところでは、事態の展開不明ながら注文書の甲による社印部分がカラーコピーではないのかとの疑念を抱く。考えすぎかもしれない。

工事完成後締めくくりの時期　＝　平成21年3月上旬

③「支払い明細書」と「額面￥5,000,000の約束手形」が平成21年3月3日に乙に書留郵便で着信した。

約束手形は平成21年3月2日発券、同5月31日決済期日としたものであった。

「支払い明細書」に記される手形以外の現金部分については、遅くとも3月5日に入金を確認している。

④「注文書－2」が平成21年3月3日発送と記された送り状に合わせて、平成21年3月4日に着信した。

平成21年12月1日付の表記である。金額は（税込）￥753,900で、現金100％と記されてある。この写しは経審に上呈した。この注文書の甲の押印は朱肉によるものである。

②に記す「注文書ー1」がコピーであるかどうかは疑問であるが、この「注文書ー2」とは明らかに色彩などが異なることは事実である。

以下近日の応対は当該工事の終結からちょうど1年後のことである。　＝平成22年2月下旬

⑤「建設工事下請契約書」；平成22年2月16日、上記①を模した台紙に実印紙が貼ってあるものに押印した。

平成20年7月11日付は同じであるが、請負代金（税込）額の部分が**活字書きで**￥22,260,000とされてある。これは、国土交通省中国地方整備局から甲への立ち入り検査の予告を受けて、甲が乙に要求したものである。

⑦　「完成通知書」および「工事完成確認書」

⑤と同時に協同方依頼のあったもので、乙は敢えて日付け空白で応じたものである。

卒爾ながら￥21,155,400＝￥20,401,500＋￥753,900である。

承の章　　演習工事

以下は当社（以下の文中で乙という）が下請の立場で係わった工事において、元請会社（同じく甲という）から工事着手の段階に「偽装契約書」の協同作成を要求されたという場面に起因する演習題です。

趣意は、「偽装契約書」作成後の当該工事の進行に伴って発生した甲乙間折々のトラブルを想起して、その場面ごとに**仮に当社から紛争を勃発させていた場合の「偽装契約書の果たす役割」**を照査・学習しておくことにより、後日の業務に備えようとするものです。

企図するところは、無碍に偽装という不正な作為を忌避するに留まらず、かかる作為に協同することに拠って当社に不利益が発生する可能性があることに覚醒して、その悪弊を駆逐したいとするものです。

§—I　工事着工時における甲乙の立場と、下請契約書の意味合い

甲は当該工事に応札して、発注当局から価額5,000万円（仮）で落札した。乙は指名外であった。

乙は工事の一部を下請け受注したいことを甲に願い出、大概のところまで商談が成立した。

ただし（主として甲側の思惑により）「内訳書を伴う細部に亘る契約額の確定」がなかなか為されず、一方で発注者に対して「工事の施工体制を届けるのに必要な書類の一部」として元請社が下請契約書の写しを提出しなければならない、という日程上の切迫がしばしば発生するということになります。

この段階で甲が乙に対し「偽装契約書」による便宜的協同を勧誘することがままあります。

つまり、印紙の陰影に契約印を押すことをしてこれを疑似作成し、当局

にはコピーを提出するのです。

前提として、当局は提出された「契約書の写し」を、その時点での下請への外注金額という点で承知するに限られ、決して事後の工事量増減に伴う変更事態その他について一切関知しないし、甲乙間契約の事後事態に対しても一切追跡が無いという実情があります。

このとき、乙が大方の元請社から要求されるのは、契約金額を蓋然額よりも大き目に書き込むということです。

また多くの場合、支払い条件としての期日記入が無いなど金融方仕様は不明瞭で、また一例では［手形比率30％※］などと後刻のトラブルを予見した伏線かと邪推するような記載がある例もあります。

これに対して乙は、商談上は後日に交わす「注文書・請書」が正式であるとしてその記載事実に無頓着になる嫌いがあり、また元請社は下請庇護・否搾取という大義を立つべく大き目の金額で提示する運びになります。

今の場合、偽装契約書に記載された金額を2,400万円とします。なおこれに添付する乙の見積書は下記のようです。

偽装提示の契約書

A工種 100個×8万円/個＝	800万円
B工種 200個×6万円/個＝	1,200万円
諸経費　他　＝	400万円
合計	2,400万円

この2,400万円が上記した「大き目の書き込み」であり、蓋然的決着として2,200万円が類推されているとしておきます。

§—2　商談確定にともなう「注文書・請書」の交換とその内実

甲が不実にしてまた乙が鷹揚な場合、しばしば正式「注文書・請書」の交換は着工後数カ月を要することとなるのですが、本モデルとしては着工後3カ月を経た段階でようやく発行されたものです。

そして、その注文書がカラーコピーであることに気づかず、**［工事完成後現金100%］**という記事を嬉として請書を提出しました。　**この注文書ー1に記載された金額は下記する内訳例のようにして2,200万円です。**

§—3　工事完了前の時点に到って、甲乙間で増額注文書・請書の交換をする段階

工事の進行にともなって発注当局からは工事数量の増加指示が発信されることがあります。

建前としては、元請甲は発注者からの増工事契約を得てから、下請乙に対して同増工事の契約を交わす、ということなのですが、現実的には発注公共機関は建設業法で拘束される元請業者ではありませんから、甲との最終契約は工事完了間際まで形式としては実行されないのが実態です。そしてこのことを転嫁して甲は乙に対し「施工に先立つ増工事注文書は発行出来ない」というのが一般ですが、このような実情のなか、一応のなじみある業者間では正式の増契約を待たずして先行施工すること自体は一定の慣例となっています。

今の場合偽装契約書の段階で記載金額を2,400万円、蓋然着地予想金額を2,200万円とした前段のモデルにおいて、増数量による要求見積と最終決済額に応じた［注文書—2］の金額が下記のようであるとします。

偽装提示の契約書

A工種 100個×8万円/個＝	800万円
B工種 200個×6万円/個＝	1,200万円
諸経費　他　＝	400万円
合計	2,400万円

⇔

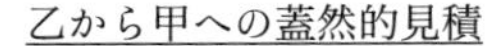

乙から甲への蓋然的見積

A工種 100個×8万円/個＝	800万円
B工種 200個×6万円/個＝	1,200万円
諸経費　他　＝	200万円
合計	2,200万円

（この値が後刻「注文書—1」として成立している）

↓

乙から甲への増数量を含む相応の見積書

A工種 110個×8万円/個＝	880万円
B工種 220個×6万円/個＝	1,320万円
諸経費　他　＝	220万円
合計	2,420万円

↓

右決済に基づく増額の「注文書－２」

A工種 10個×8万円/個＝	80万円
B工種 20個×6万円/個＝	120万円
諸経費　他　＝	▲ 20万円
合計	180万円

⇔

甲から乙への増数量を含む裁定発注額

A工種 110個×8万円/個＝	880万円
B工種 220個×6万円/個＝	1,320万円
諸経費　他　＝	180万円
合計	2,380万円

※この2380万円は偽装契約書以下の値である。

ここにおいて一応の商談が成立した様呈を示し、乙は甲から記載金額180万円の「注文書—2」の発行にあわせて契約全金額2,380万円の入金を待つこととなったわけです。

§—4　いよいよ最終段階、工事着工後8カ月にして初めてという不条理な入金段階に及んで、

甲から乙に対し、支払い総額2,380万円の中500万円を手形にしてもらいたい、との切迫した強要があり、応答の是非もなく、前段で決定して待っていた「注文書—2」の受け取りより先に、当該手形が着信するということとなりました。

ここで不可思議なのは、「注文書—2」にも「同—1」と同じく現金100％と記歳されていて、「同—1」がカラーコピーであったのに「同—2」はそうではなく当然といえば当然ながら実押印のものであることです。

手形と同時に残額の現金入金がありました。

★　**紛争の勃発（シミュレーション）**

工事着手以来半年を超えて初めての一括支払いであるのもかかわらず、しかも「注文書—1」の記載および「同—2」の約束の中では現金100％とあるのもかかわらず、その記載事実に何らの逡巡も無く、突然一方的に手形500万円を支払いに混入させるとの強要があり、その事後に到ってなお「現金100％と記載のある注文書—2」をそのまま発行されるとは、当方を愚弄されるも甚だしい様である。したがって当方乙は貴社甲を相手方として・・・・・・の申し立てを発し、・・・・・・・・・・を要求する。

★　**紛争の展開における交錯する主張？**

①　紛争勃発の段階で甲は、当初の偽装契約書協同作成に係る乙の発注者に対する臆面を盾として、これを実印化することを強要し,,, 加えて「契約内容変更同意書」への20万円の減額同意を取り付けて・・・・・・（乙が応じる筈はないが）

②「注文書－1」はコピーであってこれを提示するのは乙が（手形含むとの甲の記載を改竄した）作為的狂言であり,,, あるいは、そもそも実契約内容は当初（偽装）の契約書記載にあるのであって、手形500万円のことは［手形比率30％］（2400×0.3＝720≧500）という記載がこれをカバーしているから問題ない、と主張する。「注文書—2」は小額であるから実押印というのも、二重に勘ぐれば上記した乙狂言論の伏線であるとすれば納得もいく？

結果　‥‥　紛争はもみ消される？？　すくなくも乙としての憤懣は論拠が無くなるでしょうか？

転の章

工事着手時において、便宜のためとて慣用化している
「下請契約書」のコピー提示について　私見を通達します。

このたび遅ればせながら、私が標記の問題についてここ数年に亘って考えたことを、近日の事件その他監督庁関係者および顧問弁護士から聴取した学習成果を背景としながら、後日のため総括しておきます。

この問題は建設業界におけるさまざまな面に及ぶ情実問題にも係わり、今後とも改善が計られるべき課題であり一挙には終息しかねる題目であると察するのですが、少なくとも会社業務上の防衛行動として、下記する処方を踏まえながら進めたいと考えています。

ここでは便宜のため下記3ポイントにより識別して整理しておきます。

A；工事場所が本社所在のO県下であるかそうでないか。

B；当該工事が当社元請け工事であるか、そうでないか。

C；当該工事が当社にとって経営審査上位対象工事※であるか、そうでないか。　　　以上の3点です。

※上注）完成工事高が社内年間上位10件以内に入る工事

工事場所がO県下である場合

	工事が当社にとって※の上位10件工事であるとき	工事が当社にとって※の上位10件工事でないとき
当社が 元請けであるとき	要されるすべての場合、会社規定の**注文書・請書の形式によって「外注工事高の全体額と蓋然的に予定出来る金額から、材料費相当（定価計算部分）を控除した労務費他相当額」を算定して、これをどちらかといえばやや下方に修正して実印紙で提示する。** 当然ながら商談確定後は構成数値が変動した包括実契約を為すと同時に、下請け社共々原分を廃棄する。廃棄される印紙額は当社が負担する。当局への原提示分は確実に回収して、当社にて社長確認のもと廃棄する。	当社にとって※の上位10件工事でなくとも、相手方下請社にとって※対象の工事となる場合も当然ある。 この場合は当該契約資料が相手方提出の「反面資料」として経審公示されるのであるから、形式上例外なく「同左」を実践することが企業防衛の基本である。 ←　差し替えに抵抗ある場合は下請社との間で差額分追加契約とする。
当社が 下請けであるとき	要されるすべての場合、元請規定の形式によって**「受注工事高の全体額と蓋然的に予定出来る金額から、材料費相当（定価計算部分）を控除した労務費他相当額」を算定して実印紙で提示する。** 元請社の目的不可思議な「金額の上方修正」要求があれば注意しつつ応じてもかまわない。 当然ながら商談確定後は構成数値が変動した包括実契約を為すと同時に、元請け社共々原分を廃棄する。廃棄される双方の印紙額は当社が負担せざるを得ない。 当局への原提示分は元請社のリスクとして確実に回収されるものと考える。	当社にとっては表面上では無用の資料ともいえるが、相手方元請社にとって「鍵」となる場合も当然あり得るから、書式上例外なく「同左」を要求して実践する。 工事着工の時点で元請社から下請契約書の偽装作成を要求されて、上記主張にもかかわらず強要があった場合はこれに応じてもよいが、会社としてこの事実を備忘しておくことが企業防衛の基本である。 ←　当局が差し替えに抵抗ある場合は元請との間で差額分追加契約となるが、そのことはむしろ順当の所作であると考えればよい。

今日的政治状況下では、近々に「工事着手時点に元請会社が、下請け体制の確認のためとして発注者に提示する下請契約書において、(仮に)一時的確認のためとしても、具体的な工事金の支払い仕様が記載されていないものはその有効性を認めない」というのが行政上の常識となる。

従って特に不明の元請会社のもとで下請け受注する場合には、商取引上の情実に堕することなく、各月度出来高に対する具体的支払い収受の仕様を事前に合意しておかなければならない。

有り体に言えば、「この契約書に記載されない文言に実効性はない」との姿勢で臨むのがよい。

工事場所がO県外である場合

当面、相手方業者の対応方を見極めながら可能な限り順応する姿勢で検討するが、当社が下請けの立場においていわゆる偽装提示に応じることは「実契約を拘束しない旨記載された趣意書」が得られない限りこれに協同しないこととしたい。

そのような危険な趣意書を発行してまで実施を要求する元請社はないはず。

要は、元請け・下請け会社との事前口述確認を密として、業務の推進と金融環境の保全に遺憾の無いよう執行されることを願います。

(参考) 工事請負金額が当初より減額になった場合の印紙税について。元請けに対して印紙税法上、還付請求はできない。(但し、当初の見積りが元請けの過失による過誤であれば、元請けに対して損額請求する権利はある)

(平成22年4月1日)

File 7

業者間接触を考える

～各物件の主導者は、各会社（協会社員）協会に非ず～

先日来各方面からの情報が錯綜した標記の案件について、以下のとおり自分なりの結語を示しておきます。

今回の展開が関係各位、また各社にとって「是」であったかどうかはなお後日の検証を必要としますが、私は当面ここに記す認識を妥当として、この文書を以て個人的主張としておくものです。ただ、私の立場では中途半端な関与で齟齬が定着してもいけませんので、後日に亘り、新規の事実、真実関係、各位の所見伝聞など客観情報には歓心を維持し続ける所存ですので、異論、推論、結果論、などあればいつでも遠慮なくお聞かせ下さい。

また文章記述の都合上、冒頭の段階で、本件展開の経緯において発生する個別事案を便宜上「定義付け」または「標語化」しておくことにします。

このこと自体は、私の下手な文書の理解を容易化すべく紙上での便宜のためですから、他意のないこととして各位の寛容をお願いします。

①「チャンピオン（社）」という表現の定義；

私は、標準的な岩接着DKボンド工法の遂行業務を会社内外で議論する場合、「主（首）動社（者）」とでもいう意味合いに共同理解しておくのがよいと考えています。

近日、某方が仰る「個別案件展開の最終時点での受注役を指す」というように定義したならば、それはそれで妥当な場面もあるでしょうが、今回のような議論の土俵では、いかにも矮小に、売上数値主義に嵌って自身・自社の営業高に視野を固定した自我意識が表現されているように感じられて、私は本工法の、今回のような議論にはなじまない意味合いになると考えます。

すくなくとも岩接着DKボンド工法について私の体現から述懐、また現況を展望してみれば、営業活動から調査・設計・積算・施工と、一社（者）で一貫することが、原則として肝要であり、理念として妥当であり、業務経済として、当然ながら最も合理的です。

この意味で、岩接着DKボンド工法の個別業務事案は発生から工事完成まで、「チャンピオン社（者）」が一貫して面倒をみるのが良い、というのが私の主張です。

もっとも、案件の進行途中で「チャンピオンが交代する」ということも、事情によっては発生することもあり得ますが、そのときはそのときで、次項に記す「個別2社間の専決問題」として留まらず事態が発展していく可能性のある場合であればその時点で、関係各社（者）、協会など関係方面へ開示しておくという、準備と予見が必要だと思います。

もしそうでない場合は、あくまで当該社の専決問題、あるいは「協会員個別2社間の専決問題」として、最後まで他の会員等に係わりなく措置されても然るべきといえます。

今回S社建設さんは、この上2段・そうでない場合として近日まで進行されたものととらえていました。

②「個別2社間における専決問題」という言葉で、重大な二つの事実関係を表現する；

どの会社にも、他社、あるいは所属する協会などの関与を受け得ない、受けたくない、独立して措置すべき専決の問題があるものです。そして、この種の問題は、他社から被干渉で自社不利益な事態に至れば「無用・不条理な内政干渉」としてこれを排斥すべく言動にはしり、逆に自社・自身が攻勢の事態にはこれを自社有利のことに喧伝すべく心得るのが一般です。

このことは、我々零細企業から世界の大国にいたるまで、およそ組織・集団たるものの業として、法理の中で我田引水を図るのが常でしょうから是非もないと思うのですが、今の場合はこの独立自尊・相互不可侵という、業界人として共有あると思う言意を「専決問題」という表現で表しておくつもりです。

そして「個別2社間」というのは、今回の場合でいえば、一点は次④項で記す「S社建設さん対H社」の間における2社間の事情、事態であり、別途の一点が⑤項に記す「S社建設さん対B社建設さん」の間での2社間の事情、事態です。

この「個別2社（者）間における専決問題」には、それぞれ当方なども「歓心」を抱き、後学のためまた業務上の勉強としてそれぞれ学習させていただくべき重大な問題が多いのですが、そして聴取を深めるに応じて、あるいは関与の長きに順じて、同情・同感のことが少なからずあるにしても、決して内密ということでなくても、いまさらに公に開示される話題ではなく、また現時点でなお全貌が開示されたわけでもなく、またその必要もなく、あくまでも特定の「個別2社（者）間における専決問題」であるのだという基本点な合意を、または「他者にとやかく立ちいらせないという矜持を」、都合よいときには放棄するというようなことをしてはならないと思います。

今回S社建設さんは、近日まで、これを維持されていたと考えます。

文言の定義としてはこのくらいにしておいて、以下は時系列で事態を検証します。

③　本工事案件の発端と、①でいう「チャンピオン（社）」の認識；

初期段階としては、平成22年1月、C社からの話を当社f氏が受け、S社建設と通じた連携のなかで現場調査、積算提出へと進行したものと記録しています。

そもそも考えてみれば本件チャンピオン（社）は、私の①の定義上では、あくまでS社建設さんです。

いまB社建設さんからの伝聞として聴くところ、「チャンピオンたるB社建設に対して云々・・」と主張されるならば、発言の趣意は理解できますが、工事の受注役という意味で権益保全的な意味合いを語られるとするならば、全く筋違いな主張であると断言します。

協会がB社建設さんを、H社への受注役として審議して、選択し、決定したなどという事実も、実態経緯も全く無いことを、自身がよく御存知でしょうから混乱も甚だしいと思います。

迂闊なことは言えませんが、俗にいうなら、B社建設さんはS社建設さんに担がれただけなのではありませんか。

④　一つ目の「個別2社間における専決問題」の発生；

本件現場の調査・積算などが進展の後、3月頃であったのか、今回私の聴き取りで知る限りでは、近隣地域で発注された特殊緑化工事の現場で、「S社建設対H社」の下請・元請関係においてなにがしかのトラブルが発生し、結果「S社建設が現場を中途離脱した」ということがあったようです。

この噂は風の便りに乗って当方にも聞こえてきていましたが、具体的内容については、今の段階に到るまで当方は、公としては何も知らされず、またその任にもあらず、言ってみれば根も葉もない憶測で事態を案じていたに過ぎません。今回H社から通告を受ける最大の原因とされるこの点についての、長い間の沈黙は釈明に堪えない失点であると考えます。

「この事件」に起因する何某の問題を、当方が、また協会が、判断の因子とすることは全く不可能なことです。

即ちこの「個別2社間の専決問題」を妥当に解決しない限り、（ここで解決というのは、勿論2社間問題を最終解決するというのではなく、当面の処方としての在り方を議論して同意決定するという意味ですが、それをしない限り）、部外の第三者がとやかく関与できるはずがありません。

今回8月下旬になってE社建設から聞こえてきた、「H社によるS社建設忌避宣言事件」の発生後、初めて私がS社建設社員a氏、b氏に任意・個人的に事情を聴取したところでは以下のような説明を受けました。

この緑化工事は、S社建設が特殊工法として、近10年来DKボンド工法と併せて推進している工法で、○△県にそのメーカー社がある。この緑化工事の現場は、「S社建設が仕込んだ」いきさつがあったが、そのトラブル事態によってS社建設が現場を撤退したのち、○△県からその工法の会員社が来て現場のあと始末をした。・・と。

S社建設さんの同工法の推進キーマンは東京近隣に駐在して、もと同工法の「事務局」に専従していた方と聞かされています。この緑化工事に係る限りでは、b氏は関与なく、上記の営業者が主任し、a氏が若干の伴走ありと聞きおよびました。

しかしながら当方の立場では、当面この件について詳しい事実関係をこれ以上聞いても、直接的に当座の措置に関与し得る問題ではないので、これ以上その内容精査はしていません。

⑤　二つ目の「個別2社間における専決問題」の発生；

7月下旬であったか、本協会の一会員である、F社建設さん主宰の総会が開かれ、当社からはc氏が出席しました。

彼から、その席で同会員「B社建設さんとH社」が接近して、○○方面の工事でDKボンド工事の折衝を持った雰囲気ありと伝聞しました。この会にはE社建設も加入していて、その場に同席していたが、この段階ではH社からの本件オファーを受けていない、と聞いています。

その後B社建設から当社へ、材料使用承認願の要請その他が来着し、またc氏を通じて工事指導の要請予感などもあったので、本件工事が元請社→H

社→B社建設→B社建設'というラインででも設定されたのかと、私は、勝手に考えていました。

④の噂を背景として私自身は、S社建設さんが単純に、H社に忌避された結果かと思っていました。前主題①に戻って言えば、H社とS社建設の関係が原因して、S社建設チャンピオンであったのが、B社建設チャンピオンに、替わったのだろうと、そういう認識でいました。それならそれで、当方がとやかく言う問題ではなかったのです。

この段階でS社建設さんから当方へは、何の説明も私は聞かされていませんし、まさかB社建設さんが公然とS社建設排斥に動いたなどとは考えられないことですし、二つ目の「個別2社間における専決問題」としてなんらかの話ができているはずとして、傍観しておくという認識でした。

こういう場面で、当方がいちいち事情聴取を掛けるというのでは、あまりに大人げない協会ではありませんか。

ただ当時の、当社f氏の営業記事には「H社→B社建設→S社建設」の構想が窺える記事があります。

ここでこの構想について、誰が誰に開示し得て、誰が誰に秘匿すべき情報であったのか、あるいは「H社のS社建設許容度」にも変化が起きるものなのか、などという高度な？、個別な、微妙な問題は、いまとなっては私にとって不明ですが、失礼ながらそのようなこと自体は、協会という立場から言えば大事のことではないといえます。

またこれと並行して、S社建設・b氏がH社にあいさつに出向いて、「B社建設の下での下請け許容」を得たものと思っていたとかいないとかのことは、この実状も知り難いのですが、いずれにしても当方としては、H社の許容さえあるならば、とやかく言う問題ではなかったし、S社建設さんがH社に忌避されるなら、それはそれで冷たいようですが直接的には関与し難い、「個別2社間における専決問題」としてとらえていました。

⑥　協会が関与すべきであるかと、勘違いする段階；(構成社員が並列的に設定される協会は上部組織に非ず)

近日8月26日（水）朝、E社建設から電話が入り、「H社から、○○で計画中の工事でS社建設を忌避したつもりでいたのに、なんのことはないB社建設の陰にはS社建設が入っているではないか。絶対認めない。おまえのところで出来ないのか？」と強く下請要請を受けた、とのことを聞かされました。

この段階で、私が率直に言うなら、かねてc氏から聞いていたB社建設さんの声＝（好きで○○くんだりまでいくわけではない）と語られたとのニュアンスを鑑みて、また私の認識では、「いわゆる原チャンピオンはあくまでS社建設であり、今回はなんらかの事情に拠ってB社建設をかついでいるのではないか」という認識のもとで、E社建設からのH社発信とされる言葉を、私は敢えてB社建設さんには語らず、S社建設・b氏・a氏に、事態を確認すべくTEL入れて、上段④．および⑤．の周辺事情を聴取したものです。

ただしくどいですがそもそも本件は「S社建設が調査して、近時の施工を企図した物件である」ということで、この段階でも私としては「本件チャンピオンはS社建設さん」であると心得ているものですから、E社建設との調停に動くなど考えになく、またその必要を実はあまり感じずに、いわゆる立ち入る必要を認めない、また認められもしないはずの、S社建設さんが係わる二つの「2社間専決事項」について、任意に事態を解釈するため事情聴取として関与したに過ぎないのです。このあたりの「矜持」は、長いおつきあいの中でS社建設さんには十分理解いただけていると信じています。

私がH社さんとS社建設さんの「2社間専決事項」に立ち入れる筈もないし、S社建設とB社建設さんとの「2社間専決事項」についてはなおさらのこと、立ち入ってとやかくするなど論外で、それはお節介というもので、内政干渉でしかないでしょう。

以下に
⑦として、結語を繰り返しておきます。

本件工事において協会としての「チャンピオン」を、敢えて語るとすればそれはS社建設さんであったのです。

そしてそのS社建設さんの裁量によって、ある段階からB社建設さんを担いだならそれはそれでよし、H社に前件工事の因果でS社建設さんが忌避されるのならば、それはそれで、当事者2社間の問題であって、協会が、たまたまH社が対抗として立ててきたE社建設との間をとやかく関与出来るものではないし、すべきものでもない。と判断しています。

業務経済上で、今回のような錯綜する場面における利害得失が各社にとって重大事であることは当然承知していますが、本質を見誤って問題をすり替えては大義を失うと思います。

今回の「受注ラインの混乱」は直接的にいわゆる金額の大小という、協会秩序としての本義から完全に逸脱している問題です。

単に、といっては失礼ですがS社建設さんを取り巻く二つの、それぞれ個別の「2社間における専決問題」において当事者（社）間のこじれが当事者間で解決されていない状態で、そのまま外部の問題に発展しているかの雰囲気を醸しては、極めて不条理なことに感じます。

余談ですが、漏れ聞くE社建設の、H社からの受注額は、S社建設さんからB社建設さんへの見積額よりは大きく、B社建設さんからH社への見積額には及ばない、ということのようですが、このことが仮に事実であれば今回、一概に「協会内部の価額混乱」とはいえない、「会員間で価額混乱を来す不秩序事態の発生とは看做し難い」という、然るべき証明がなされてあると考えるのですが如何でしょうか。

今回協会は、また当社は、E社建設に対して、あるいはH社に対し、なんら利益誘導をとらず、また差配を致さず、合理的な業者間接触によって妥当な商取引が達成されているのではないでしょうか。

S社建設さんを介添えして、H社を訪問してあるいはE社建設に辞退を迫って、なんとなるのでしょうか。

有り体に言えば、S社建設さんは完全に専決事案たる問題を有して居られながら、そしてそのことを当然に自覚なされて居ながら、事態が行き詰まって、相手方から契約不可という立場に至ってから、いまさらに協会の問題として、事が大事であるかに切り替えられることは、いささか不道理なのではないでしょうか。

（平成22年9月13日）

File 8

「営業」と「工事」

～縦貫思考を日常化するためのイメージ～

2011年(平成23年)5月14日　土曜日

編集委員　星 浩

政と官

領分わきまえ 足し算思考を

大震災から2カ月。前岩手県知事の増田寛也元総務相が被災地を回った印象を「国の対応が遅い。避難所暮らしの方が、なお11万人を超えているのだから」と語っていた。その原因は「官僚たちが政治家の『指示待ち』になっているためだ」という。

官僚が独自の判断で仕事を進めると、政治家に「余計なことをするな！」と怒鳴られる。それなら出過ぎたことをせず、静かにしているのが無難――というのが多くの官僚の本音だろう。旧建設省（現国土交通省）出身の増田氏の見立てである。

大震災の前から、民主党政権下での政治家と官僚との摩擦が続いてきた。役所によっては、大臣ら政務三役の会合に官僚を入れないといったルールを作り、それを守ることが政治主導だという形式論がまかり通ってきた。

「政と官」を考えながら、新刊の文庫本をめくった。

「『政』か『官』かの二元論の間を振り子のようにさまようのは、もはや生産的ではない。政治と行政の両方を視野に入れて、全体としての改革という視点が求められている」。経済産業省出身の斎藤健自民党衆院議員の著書「転落の歴史に何を見るか」（ちくま文庫）だ。最近の事情を書いたのかと思ったら、原文は13年前に雑誌に載った論文だという。

「この13年間、政と官の問題は解決していない、いや一層悪くなっているかもしれない」と斎藤氏。「政と官が非難し合っている時ではない。国力を高めていくには政と官が足し算思考で力を合わせていくしかない」とも言う。

自民党政権では、政策を官僚に任せ過ぎて官僚の天下りや関連団体づくりを黙認してきた。民主党政権では、官僚を排除し過ぎて政策がうまく進まないケースが目立つ。内では震災復興、外では国際競争という難題を抱えるいま、政と官が力を合わせる「足し算」思考ができないか。

官僚は政治の決定に従う。政治は大事な決定を担って官僚を使いこなす。お互いが領分をわきまえればよいのだ。

そうした中で、片山善博総務相の発言が目を引いた。官僚が復興構想会議のメンバーを回って増税の根回しに動いていると実例をあげて指摘。「税は政治の根本問題だ。役人が勝手に根回しに動くなどあってはならない」と厳しく批判した。領分をわきまえない官僚をピシャリとたたくのは政治の仕事だ。政治家に眼力と力量が備わっていれば、政と官が緊張感を持ちつつ力を合わせていけるはずだ。

イラスト：米澤 章憲 / The Asahi Shimbun

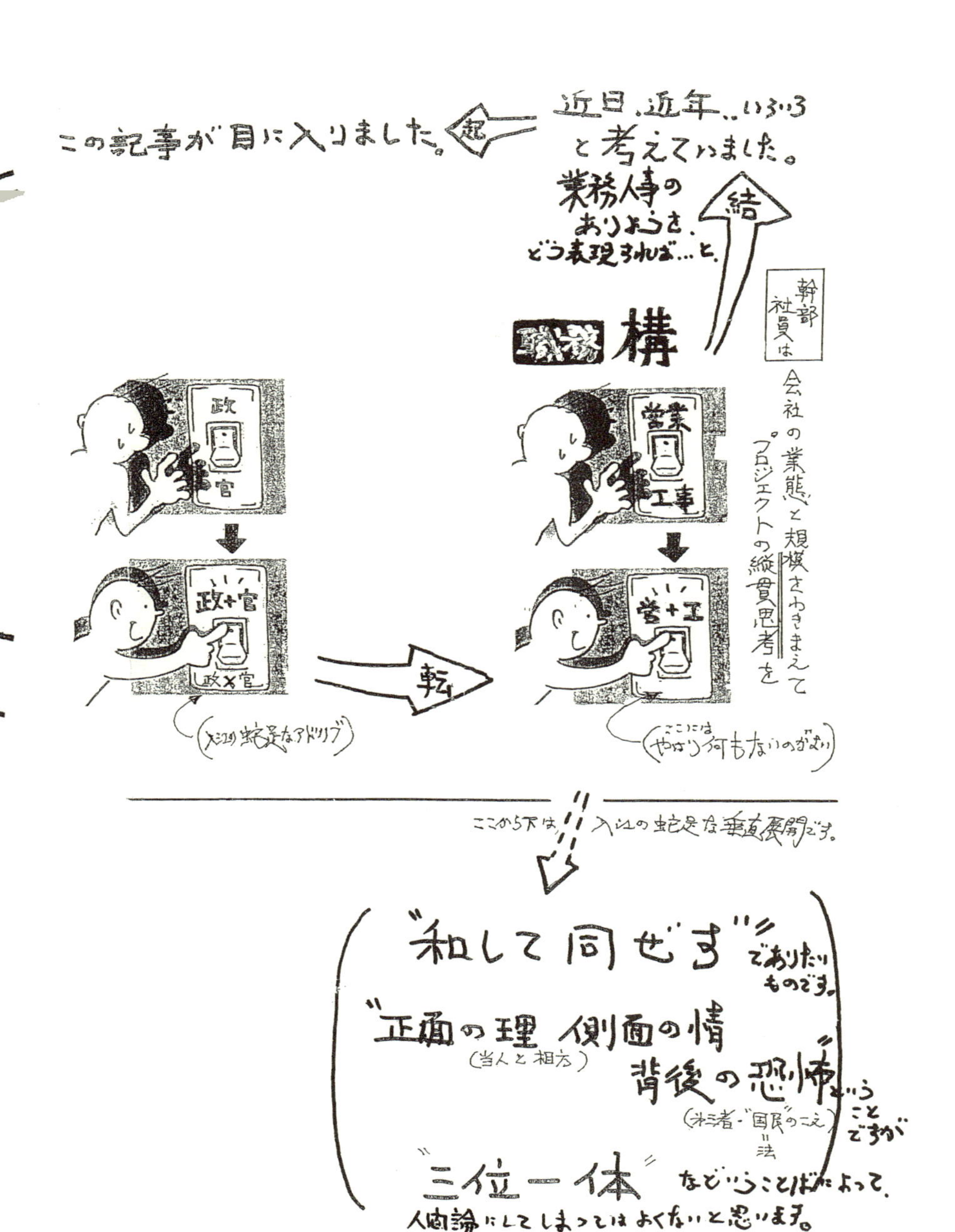
この記事が目に入りました。
起
近日、近年、、いろいろ
と考えていました。
業務人事の
ありようを、
どう表現されば…と。
結
職務 構
幹部社員は
会社の業態と規模をわきまえて
プロジェクトの縦貫思考を
政
官
政+官
政×官
入社の蛇足なアドリブ
転
営業
工事
営+工
ここには
やはり何もないのがよい
ここから下は、入社の蛇足な垂直展開です。
"和して同せず"でありたいものです。
"正面の理 側面の情
(当人と相方)
背後の恐怖"という
(第三者・"国民の こえ"
=法
ことですが
"三位一体"などということばによって、
人間論にしてしまってはよくないと思います。

File 9

独占禁止法を鎧袖一触

～独占禁止法の指すスケール感～

落石災害防止協会の会員社が、第二建設㈱との特約店契約を基盤として岩接着工法の営業活動を遂行されるに際し、材・工一括の受注を企図することの主意は以下に記すとおりです。

岩接着工法は、第二建設が開発した「DKボンド工法」を嚆矢として全国に普及を果たした工法です。

したがって当社は、本工法の技術的・技能的特性と、工法開発社としての矜持に鑑み、本工法を施工する建設会社すなわち協会会員社に対して、単に施工労務の供給に留まらず、DKボンドモルタルの数量、品質、会計検査対応、その他営業・財務上の諸因子を包括した「責任施工体制の達成」を求めて参りました。

このような中で、仮にも材料供給と施工労務の負担責任を分離することがあれば、長年に亘って顧客筋からいただいてきた、「責任施工者」としての基本的信義と信頼を損なうことになりかねません。

近日業界環境の厳しさが一段と加わる中で、本工法の受注交渉に当たり元方側から「材・工の一括受注要求は独占禁止法に抵触する云々」などとして無碍なる牽制を受け、材・工一括の契約を躊躇させられるという事態がまま見受けられます。以下の拙文は、そのような場面でぜひ咀嚼下さり、枝葉の攪乱を一蹴していただきたいと思う一念から起筆したところでございます。

一般に独占禁止法と呼ばれている法律は、正式の法律名を「私的独占の禁止及び公正取引の確保に関する法律」というのだそうですが、ここに第一章

総則　/　第二条（定義）　のうち　⑦の部分を要旨抽出しておきます。（インターネットでも検索できます。）

この「定義」を読む限りでは、我々が現実に扱っている岩接着工法のささやかな市場など全く、この法律が歯牙にもかけない世界であることが解るのです。岩接着DKボンド工法、ないしその特約店制度下における材・工一括の責任施工体制は、そのこと自体独占禁止法になんら抵触するものではありません。

以下に法律本文を引用しておきますので十分に吟味下さい。

この法律において　独占的状態　とは、同種の商品・（中略）・の価額又は同種の役務の価額の政令で定める最近一年間における合計額が千億円を超える場合における当該一定の商品又は役務に係る一定の事業分野において、次に掲げる市場構造および市場における弊害があることをいう。

一）当該一年間において、一の事業者の事業分野占拠率・（中略）・が二分の一を超え、又は二の事業者のそれぞれの事業分野占拠率の合計が四分の三を超えていること。

二）他の事業者が当該事業分野に属する事業を新たに営むことを著しく困難にする事情があること。

三）当該事業者の供給する当該一定の商品又は役務につき、相当の期間、・（中略）・価格の上昇が著しく、又はその低下が僅少であり、かつ、当該事業者がその期間次のいずれかに該当して居ること。

イ　当該事業者の属する業種における・・標準的な・・種類の利益率を超える率の利益を得ていること。

ロ　当該事業者の属する事業分野における・（中略）・標準的な・（中略）・販売費及び一般管理費に比し著しく過大と認められる販売費及び一般管理費を支出していること。

引用以上

この段に記すことはいかにも蛇足な解説ですが、まず、岩接着工法の全国市場は大きく見ても工事として数十億円オーダーの工法で、この程度の市場性のなかで「独占」などということが、少なくとも当該法律文言上の本題としてとり挙げられることは全く考えられず、むしろ、後に記す「法の目的」に謳われている、「事業者の創意を発揮させ・・ている有意の制度」と評価さえいただけるものではないでしょうか。

仮に話題として検証されるとしても、上記条文の一）における市場占拠率という点で、類似とされる別建ての競合社をあわせて、全国三十～四十数社での地域分散不特定市場で、1事業者あたりせいぜい2億円～2、3千万円という工事受注高なのですから全く問題にもなりません。

二）については、岩接着工法の創始社としての当方としては甚だ不本意ながらも、一時は同業大手社が形骸模倣的な参入姿勢を見せ、各級公共機関の側も遺憾ながら十分な審議なくこれに迎合するがごときやみくもな競争是認のこのご時勢になにをかいわんや、参入の自由は何ら拘束されていません。

三）では、当社ないしは協会会員社がイ、ロ、のいずれかに該当しているとは寡聞にして認識がありませんし、また本文中、価格の上昇または僅少の低下などとんでもない、このところ急激で理不尽な下げ圧力に見舞われて呻吟しているというのが実情です。

ただ、今回非常に興味深いことを見つけたので一つの事実として紹介させていただき、 僭越ながら「法の精神」 ということに言及させていただきます。

すべての法律には、その冒頭に用語の定義なり適用範囲というものが定められると同時に、法の制定に及んだ経緯とか考え方、目的、つまりは「法の精神」ということが冒頭に掲示されるものですが、我々業界に在るものはこのことを冷静に踏まえて、日常の実務運用に遺憾無きを期したいところです。

手元に、「建設業とその関連業界のための独占禁止法遵守の手引」という、財）建設業適正取引推進機構によって発行されたコンプライアンスのガイドブックがあるのですが、その後半部に参考資料として「私的独占の禁止及び公正取引の確保に関する法律（抜粋）」と題する、法律本文を照会したページがあります。

これは前段で述べたとおり、一般には「独禁法」といい習わされている同法の正式名称を挙げて、全118条とされる条文中の要点36箇条分を懇切に掲示されてあるのですが、なんと私が今回提示した、（定義）第2条の⑦は［略］とされているのです。

勘繰り過ぎかもしれませんが、法遵守を先導される公の立場からすれば当然のことですが、正式法律名の後半部分に当たる　公正取引の確保　という点に立脚して、仮に同法で定義する「独占状態」というレベルに入らないし、将来的にもその可能性すら無い小さな市場の、例えば入札案件等ではあっても、当該部分を略することで敢えてその市場の数的規模性には立ち入らず、同法第3条がいうところの法の精神、事業者は不当な取引制限（談合等）をしてはならない、という教示を唱え、また実際に「談合」といわれる不当な行為を取り締まって懲罰金を課すなどすることに拠って、建設業界全般にいわゆる「受注談合への嫌気」を醸し、以て同法第1条に謳う、「法の目的」達成への気運を涵養する意味合いがあるものと察せられます。

そのためにいいかえれば、独占、寡占、市場の占拠率、などといった諸因子の数的規模にはかかわらず、むしろ不法、不当な方法による市場構造ないし市場への弊害発生を、つまり有り体にいえば「談合すること」を、一罰百戒に懲らしめようという企図で編纂されてあるのです。

以下法文の引用です。

第1条 （目的）この法律は、私的独占、不当な取引制限、及び不公正な取引方法を禁止し、事業支配力の過度の集中を防止して、結合、協定等の方法による生産、販売、価格、技術等の不当な制限その他一切の事業活動の不当な拘束を排除することにより、公正且つ自由な競争を促進し、事業者の創意を発揮させ、事業活動を盛んにし、雇傭及び国民実所得の水準を高めて、以て、一般消費者の利益を確保するとともに、国民経済の民主的で健全な発達を促進することを目的とする。　　　　　　　　　　　　　引用以上

さて、ここまでの正論は正論としても、材・工一括の施工に牽制を受けた時に、具体的にどうすれば良いのかという問題ですが、まず仮に、「DKボンドモルタルを指定表示した設計図書が発行されて」いようとも、そもそも、そのこと（＝いわゆる設計折り込み）を以て我々の期待が発注当局の意図と合致したものと喜んで、工法執行の絶対権益を獲得したような気持ちになることは間違いなのであって、たとえ「工法指定の状態で設計図書が記載されてあろうとも発注当局には、当該仕様を元方受注社に対して、無条件に強要する権限は無い」、ということを確実に認識して捉えておくべきであるし、また逆に、たとえ「工法指定の状態で設計図書が記載されてあろうとも元方業者には、当該仕様を発注当局から無条件に受け入れるべき義務は無い」ということを、これもまた確実に認識しておくことだと思います。

その上で繰り返しですが、発注当局が、自身の判断に由って特定の材料ないし工法を表記して発注図書を作製し、その客観的な意思として特定の工法・材料の一括供給を期待したとしても、その程度の「公としての」期待表明が、一概に当該事業における市場構造を歪めるに足ると判決されるものではないし、そのような場面でも元方事業者は、然るべき所定の手続きを以て発注当局に対し、工法の変更、または修正、再検討、などを提起する権利をも十分に有するのであるということを、冷静に認識しておくべきだと考えます。

要は、元方事業者がどう考え、どう判断され、どのように行動されるか、という問題ですから、下請け受注を願う立場とすればいたずらに惑うことなく「清々と待つ」ということしかないと考える次第です。

（平成23年9月20日）

File 10

「陳述啓上」

（鎖国政策に対する当方の立場と考え）
～工事の地産地消に対する開国思想～

Ⅰ．建設業の地域性尊重について

建設業界は特定一部分の大企業・特殊工事業を別として一般の場合、その殆どが地域密着型の地場産業です。

今日、政治的にも大きな話題となっているTPP.という、農産物の自由流通域の拡大といった視点に類して見れば、その賛否は別として「地域で生産された物が各所に拡散して消費されていく農業」という構図とは真反対に、建設業の場合、建設（消費）場所が先に特定されている　という構図ですから、農業で語られる以上に地域への土着性・拘束性が強い産業だといえます。

加えて地震・台風・その他災害の多発する我が国の国土環境からすれば、建設業というのは産業というより「生業」という面が濃い分野であると思います。

すなわち、地域に立脚する中小建設業者は当該地域の生活者を生産労働者として雇用し、当該地域の災害復旧も含めてインフラ整備のために、当該地域行政官庁が発注した公共工事の施工を達成しているというのが実状であり、そのことは私は基本的に妥当なことだと考えます。

上段でいうことは決して、公共建設工事は労務集約型の後進産業であるから、というような言い方で、しばしば否定的な意味合いを醸す趣旨でいうのではなく、次章以下で述べるところに誤解のないようにと願って、まずは冒頭に「建設生産物は、いかなる地域であろうとも極力その建設物が設営される地域の生産者の手によって施工されるべきである」と、小社としての基本的な考え方を申し述べた次第です。

II．弊社の業務特化と同工法の全国市場性について

当社は昭和42年に創業して地元で一般建設業を営んでいたのですが、昭和49年のオイルショックによるダメージを被って一般土木工事から撤退し、折から独自に開発した岩接着DKボンド工法を以て山腹・法面における落石予防工事の分野に特化いたしました。

そして、阪神淡路大震災など災害多発な環境の中で各級行政庁において予防工事への関心が高まるなかようやく近年に至り、全国ベースで10億～20億円の同工法市場を創出し得たものと認識しています。

その過程で、前章に述べた地域性尊重という趣旨に則って全国に散在して設定した24社の工法契約特約店と提携して、「落石災害防止協会」を主宰し、「本工法の普及を推進し、受注営業活動と施工の達成」に日夜研鑽しているところでございます。

そして協会会員には規約として「材料・工事の一括責任施工」を要請していますが、このことは工法の特異性に基づき、品質性能の維持のための必然的な施工制限であると考えています。

III．協会員による需給の相互調整

ここで協会員24社という数と、仮に上記中半ばの値15億円、という数字を関係付けて見たときに、単純に計算すれば「一社あたり6,000万円強」となります。

仮に1施工班を9人とし、月22日稼働とすると、9×22×12≒2,400人、となり、（当紙ではこの算術が本題でなく傍証一例ですので敢えて細部計算は略しますが）、直接費としての労務人件費だけでおおよそ5,000万円強のコストが必要となるので、工事金額のベースで年間受注高が上記のモデル一社6,000万円程に留まるならば、施工1パーテイーを養うに不足なことが明らかです。

そういう場合、経済則からすれば市場性の濃い地域に立つ、あるいは受注能力が特に高い協会員が、言い換えれば年間1億円以上のベースで受注能力を確保出来ている協会員が、相応の岩接着工専属の施工班を維持し、そうでない協会員は常勤作業者の抱え込みを抑制して企業体としての財務上の整合をとろうとすることになります。

具体的には、施工班1パーティーを年間を通じて正規雇用するだけの売上を確保出来ない場合は、言葉としては露骨ではありますが「仕事の無い時は無償で過ごし、過剰な時はその部分を外注する」という、古今建設業界における相互扶助の体制に類して、協会内における全国ベースでの需給の季節調整を軸とした協力対応を構えることになるわけでございます。

Ⅳ. 結語　陳上

以上の章で申し上げたことを再度単刀直入に申し上げるならば、弊社ないし落石災害防止協会として最も希望する形は、弊社が貴県内の優良なる建設会社と特約店契約を締結して本協会に入会をいただき、貴県内における岩接着DKボンド工法の施工を委ねることでございます。

ただし当該企業様としては上記しましたとおり、労務コストの安定を計って一定の市場性を求めるため、失礼ながら貴県域を超えて近県へのテリトリー拡大を志向していただく必要が生じようかと存じます。

かねて貴県内一二の企業とご縁があった中で、この県域超克のことが障壁となり、いまの段階で貴県内に特約店を設定出来ずにいることたいへん申し訳なく、替えて小社が、有り難く当該工事を下請けさせていただいてこれを責任施工させていただいていること、近年実績のとおりでございます。

何卒条々ご理解を賜わり、よしなにご差配下さいますようお願い申し上げます。

草々頓首

業務関連審議の背景となる主要な2題目

◆前段のレポートは、近日「鎖国政策」の台頭が垣間見られる某県行政当局の雰囲気を察して、「県外業者を下請け届けするときの理由書」といった個別工事・元請企業からのハードルに対抗して提出する個別の積極的理由書とともに、「深層にある真相」として提示することもあろうかと予期して準備にかかったものです。

というよりも、直接このレポートを提示するというのでなく、発注官庁、コンサルタントが意識されている「鎖国政策の本願」を見極め、これに対してその都度清々と当方の立場と考え方を述べることが出来るように、と考えて書いてみたものです。

このレポートを草稿した段階（H23－10－15）で、現決算期1カ年の当該県内での受注工事高見込みはおよそ6,000万円程ということで、たまたま正鵠としてレポートの論調に整合するものとなっています。

◆第一章では、「地産地消を唱えて県外労働力の導入を制限」しようとする（実状は、そういう主張に傾く地元建設業界に対して一定の配意をとる）地方行政官庁の立場に基本的同意を表明しているのですが、ここで述べた、「建設生産物」はその地域に特定消費されるものであって、「各域消費者のもとへ拡散販売されていく農業産品」とは趣を異にする、という論法は、実は次段のようにして反論されるのであることを心得ておく必要があります。

すなわち対抗すべき開国派の論調としては、「建設産品は確かに現地に定置されて、現地の人が消費するもの、という錯覚」を感じさせるかもしれないが、その施設を利用して、例えば「観光」、例えば「交流」、いうならば「井の外のカエルにならなければいけないという思想」＝「開国思想」のもとでは、建設されたインフラの利用者は全世界の人民なのだから・・・」という論理です。

このようにして、開国論と鎖国論の接点は永久に収斂することがないのが外交問題ですから、そうであればこそ、現今の論点に立てば、「観念上では一定の道州制」を想いながら、当社としては「前段に記した、企業としての採算性の論理を清々と主張して」対峙すれば良いと考える次第です。

上で道州制といった具体的な一つの切り口としては、鳥取県と島根県が一行政域となるなどのことがあれば、また実効そのように考えて活動される建設会社があるということにでもなれば、当該地域に一特約店を設営することの理論的始点となるということです。

（平成23年10月15日）

File 11

建設業界の弛緩

～かつて統率されていた建設業界の昨今～

「労務費調査という業務」で垣間見た「建設業界の弛緩」

まえがき　近日当社は、国の委嘱機関による数件の「労務費調査」という業務事案に遭遇しました。
この「調査」は毎年行われていて、翌年度の公共建設工事の積算に反映される、往時の業界では「労務費の三省調査」といわれた建設業界の年中行事です。

つまり、国の予算ベースで公共工事の主たる監督官庁となる建設省と運輸省（いまでは合体して国土交通省）および農林水産省（林野庁を掌中に持つ）が、建設工事費を構成する建設労働者としての例えば法面工、普通作業員、石工、とび工、など幾十種の工種についてその積算価格を都道府県域ごとに統計して特定し、以て公共工事積算の公正性と市場妥当性を確保しようとするもので、この集約された労務単価が都道府県・市町村発注の工事にも適用されています。

余談ながら往時の業界では、「予算獲得の一つの基礎的機会」と捉え、業界を挙げて、抽出されるデータを出来るだけ高値に誘導したなどと聞き及びますが、今回私は同業務に関連していままで経験したことのない、二つの不思議な現象を垣間見たので、ここにその実相（と私見するもの）をそのまま披露して後学に供したいと思います。

それは一言でいえば、建設業界全体に漂う「疲弊した虚脱感」とでもいうものです。

異なる執行　その実相とは、調査に抽出された該当工事において「施工体制台帳の上で掲示を秘匿された下次下請け会社所属の作業員のデータ」というものへの、調査員の2種類の異なったアプローチのあり様、ということです。

そしてそのあり様が以前では有り得ないような、調査員個人の任意な性向によって差異が具現したものと思われる、ということと、それに立ち会う工事発注当局（2例とも県）、また元請会社、いずれもが「一概な見解」を擁されるのではなく、是非は別儀として、いわば統制のない、即ち方向性の定まらない、行政事務の措置としてはまことに緩やかな執行が為されている、という実相です。

すくなくとも表面的には事後1週間を経て、具体的になんの叱責・事後談もないということは、嘗ての一枚岩、逆に言えば強固なムラ社会からするといかにも弛緩しきった様を醸すものです。

まず第1のケースとして、施工体制台帳で「当社が1次下請けとして届けられて在り、当社の外注社が実在しているが、その実質2次下請け会社に所属する作業員が、元方会社から発注者への配意に基づいた当社への強願に基づいて、当社の名簿に偽掲されてある工事」で、当社がその実質2次下請け会社を調査の会場に同伴していたにもかかわらず、調査対象自体から除外された、という事実と、加えて別儀、このまま名簿の偽掲はとがめられることもなく済むのか？という事態です。

それは、当該実質2次下請け社の施工体制台帳への記載を躊躇する最大にして焦眉の理由が、言葉は適切を欠くかもしれませんが所謂「施工現地の民意＝鎖国・攘夷意識」への配意であるということを示しているように思います。

第2のケースとして、施工体制台帳で「当社が2次下請けとして届けられて在り、当社の外注社が実在しているが、その実質3次下請け会社に所属する作業員が、元方会社あるいは1次下請け社から発注者への配意に基づいた当社への強願に拠って？かどうか当社の名簿に偽掲されてある工事」で、当社がその実質3次下請け会社を同伴していたので、形式上は第1のケースと同じく調査自体から外してもよかったであろうにもかかわらず、当該3次下請け社からのデータを収集して執行された、という第1のケースと異なる事実と、そして第1例と同じくは、名簿の偽掲をとがめられることもなく済むのであろうか？という事態です。

問題のスソノ　上段に記した事実現象はさしたることでもないようにも見られますが、私には、明治以来つい10年も過ぎない近年まで、時を追って堅固に構築されてきていた我が国の建設業界が、投下予算の漸減、政治の激変、その他さまざまな社会事象の問題として「土建ムラ外部からの緩衝攻勢」をたっぷりと受けた結果、近日にはもはや到底一枚岩では有り得なくなった、というまことに感慨深い様相なのではないでしょうか。

建設業界史的な大局評論はここでは別題ですが、一言でいえばこの世界における「国家体制としての予定調和」に対する大きく深い異議申し立てが、近年の政権交代にも誘発加速されていよいよ噴き出している、という印象を持ちます。

そもそも「工事施工者の労務費」という、建設業者の重要ではあるが極めて狭い一つの切り口にまでをも、各自に自覚があるにせよ無いにせよ、予定調和を期して粛々と大義を奉じて来た我々業界の、その「上御一人を奉じる赤心」を乱して足る、今回の業務対応であったことを深く感じました。

ただしこのような業界崩壊の事象を目にしてこれを黙殺しているかに見られるかもしれない「偏/自愛論」は、必ずしも会社業務上の全方位で主張できる内容でなく、時節柄少なくとも社内において、更には関係同業者間において、一定の同基調にあれば願わしいと考えるだけの内面的問題ですから、大それたものとせず軽く読み流していただき、基本的な点で同調いただければ結構です。

結語　多重の下請け体制が法的に禁じられている場面であればいざ知らず、そうでなく、多層下請けとか、あるいは県外業者の編入とかいったことを忌避し、秘匿せんとする理由がひたすらに「施工現地の民意＝鎖国・攘夷意識」に配意したものであるような場合であれば、当社としては一旦急あればあくまで労災事態下の不条理（つまり走り出した以上その書類形式上の形で進行し、属性を事実を秘匿し続けて表面上の無事を得たい、というような動機に根差す「労災隠し」が発生する可能性）を回避すべく、施工体制上位者に対しては構成末端者までの属性について、ひるむことなく掲示することを申告し、仮に形式上は止むを得ず上位者の強願に屈する場合でも、「事あれば直ちに実態を開示して、措置は社会の正論を待つ」ということで進行すれば良いと考えます。

今回のような事象からも、その不届きを押して、業界全体の調和を粛々と統率しようなどという「上御一人」は、もはや存在し得ない時代になったと思います。

（平成23年11月25日）

File 12

「会社の立ち位置と業務の3部門建ての考え方」

～各部門の真ん中に存在するべき工事部門～

Ⅰ．会社の立ち位置と、「業務の3部門建て」の考え方について

当社は、自身が創始した岩接着DKボンド工法の全国市場10~20億円を鳥瞰すべき立場にある。

その任を全うした上で、近隣の一般土木工事・法面工事にも、その軸足を拡張する機会を窺うところである。

この「全国岩接着工市場の運営方」として、開発初期段階には直轄中央集権のカタチもあり得るものとして検討があったが、私は敢えてその方法を忌避し、「地方分権・分益の思想」に立って地域に散在する特約店形式をとって業務の展開を企図したものであった。

その展開を扶助する一つの活動として、落石災害防止協会を志向して主宰した。

すなわち落災防協会は、特約店各社の上位に立ってこれを統率する機関という位置づけではなく、岩接着DKボンド工法の特約店各社が横断的に親睦連帯して全国市場に同列展開すべく活動するものであり、会員各社の経営本旨に対しては当然ながら相互に不可侵である。

そのような会社の背景を意識しつつ、会社運営上では以下に記すような「業務の3部門建て」構想のもとで業務を識別している。

完成工事高と同原価の収支を軸として運営される業務第Ⅰ部と、兼業売上高と同原価の収支を軸とした業務第Ⅱ部、そして経理上でいうところの一般管理費部分が相応する会社総務部門＝業務第Ⅲ部、である。

ここで私の持論は、業務第Ⅲ部は売上げなくして損金のみ発生する特異な

部門であり、まさしく国家経営における行政官僚部門に疑似されるものであり、良くも悪しくもとりわけその観念上の位置づけに留意して解説する必要がある。

そして上記3種業務部門の会社経理上の識別は、時勢の赴くところ、法の定める範囲内で会社役員会が臨機自在にその科目区分を設定して執行する。

会社は、建設業として許認可登録した「建設会社」なのであるから、業務第Ⅰ部における建設業の運営こそが、当然に業務第Ⅱ部をも包括して会社の趨勢を牽引するところとなるのであって、社員ならびに特約店関係者のモチベーションを維持する点からも、あらゆる場面において第Ⅱ部の運営が第Ⅰ部をさしおいて跋扈することがあっては本末の転倒を来すこととなる。

ましてや第Ⅲ部における事務所作が、日常業務においてⅠ部の所作に先行するようなことをしてはならない。

敢えて言うならば、第Ⅱ部、第Ⅲ部の運営は全国の個別各工事を把握する中で、当然ながら全国版における第Ⅰ部業務を総覧するという複眼の視野からこれを把握しなければならないのである。

Ⅱ．会社の日常的事務作業（経理処理ふくむ）について

会社の日常は、当社が受注して施工する（直轄施工と外注施工とがある）工事、つまり業務第Ⅰ部が扱うべき案件と、特約店各社が受注して当社に材料の供給を依頼して来られる工事、つまり業務第Ⅱ部が扱うものとする案件とに区分されるのであるが、上で述べたとおり、その話題の背後にはいずれも当然ながら「工事」というものが控えている。この意味で材料販売という語は大次元の科目名称としては好ましくない。完成工事高に対しては「兼業売上高」とするのが順当である。

業務第Ⅱ部では、会社の事務作業の表面には露出しないことであるにもかかわらず、特約店段階での受注工事高、その工事の特約店担当者における施工予算の実態、特約店各社から「材料費として当社に支払われ、当社が経理上兼業売上高として受け入れるDK材料の売上高」などに対する一定の見解を持ちながら、あくまで「貴社工事案件の一部に関与する」とした立場で、その業務を展開するのである。

この意味からも、一般建設会社から当社が「工事」を受注したという案件に纏わる、今回の「D工区」のような場合であるなら、先方の発注事情はそれはそれとして、元来的に当社にとっては「工事の受注」なのであって、一件工事から材料部分を切り離した注文を取られることに応じて、当社にとっては材料販売である、という考え方が先行してはいけないのである。あくまで完成工事高となるべき売上の一部として捉えるべきである。

この意味から、先日来事務作業上の話題となった「島根・D工区」の事務取り扱い処方について言うならば、売上側は、完成工事高となるべき合計高が先方の都合によって2分割された「工事の受注」として工事台帳に組み込んでスタートし、損金側は完成工事原価の一部分である「材料費」して扱うのが順当かつ正論である。ということに気が付く次第です。

ここで、「注文書がもらえない」という形式・所作が先走って、それなら兼業売上として事務を進行させよう、というのが、これこそが官僚先導で国民を惑わす所作となる運びになるのであって、経営審査で否認されるから云々とする思考の展開をしてはならない。のです。

事務作業としては、決算基準日を過ぎる某日までは、正しく「工事」位置づけで幾件かのそういった案件を集積しておいて、その上で総覧して、「作業上の無理をして、いくら正しくとも事務作業の煩雑を受け入れてまで突き進むことにメリットもないではないか」となれば、当方では「工事」と考えているが、元方側の何がしかの存念に拠って注文書を発行していただけなかったものです、として、認めていただけないのなら結構です、として取り下げても構わないのではないでしょうか。その基本的姿勢として「税務決算」と「経審決算」が完全に一致したものでなければならないという理不尽なこだわりがあることがおかしいのではありませんか。

今後、そうした方便を弄して材料部分を分離して支払い方法を自社有利に運ぼうとする企業も増えるであろうから、監督官庁もそれなりに、妥当な申告方法で下請け側の不利益を救済することを考えられるであろうから、**注文書がとれない場合でもそのことで直ちに、完成工事高扱いの「事務・経理処方」から脱落することは厳に慎むべきである。**

「兼業売上高として計上する」という官僚の便宜的作法が、建設工事として「完成工事高の一部である」という社員一般の思想を、指導するなどあってはならないことです。

その意味で、完成工事高ないし同原価から、兼業売上高ないし同原価への切り替えという作業は、決算基準日を済ました後の、純に事務方調整によって、どうしても必要な案件について粛々となされれば良いことです。「事務作業上の方便としては、かならずしも正しいことばかりを主張してもやるせないから、適当に妥協してもかまわない」ということです。

（平成23年11月11日）

（参考）

上級管理職論

上級管理職　研鑽

管理業務には、作業手順、考え方などに厳格な一貫性、規則性が求められる事案がありますが、逆に途中の作法を問わず、結果としても一定の幅を認めながら大雑把に数値拘束される事案、というものも結構多いのです。

ウサギは亀をみていた（から油断して負けた）が、亀はゴールをみていた（黙々と歩んだ）からウサギよりも先に・・・、という寓話がありますが、ことは正邪ではなく、その時々、大なり小なり評価はされるのです。

上級管理職の業務は、初級管理職の業務と対比してみると理解し易いのです。

上等管理職者による初等管理職者の業務は組織の内向きマネジメントを維持するに留まり、外敵外圧に抗し得ないのです。

J先輩の停年退職後、わたしは社長としてではなく、「経験が空白のままの職域を残したくない」として、総務職域に「意」を用いて60の手習いを仕掛けてきたのですが、ここにきてほぼ3点に集約出来る管理様式の改善が達成出来たと思っています。そのことは極言すれば、まだ若い各位が今後続くであろう、より若い後続者に対して決して善意で無垢な「職能プライド」が他域職能に対する閉鎖的バリアになって、職域外者から自身の業務への関心を阻害することにならないように、職能エキスパートとして教条的管理規則を講じることなく、若齢者の自在の向上を促すことが出来るようにということなのです。その波及で外敵圧力、外的変化に対する抵抗が発揮されてこそ上級管理の冥利というものです。

（平成27年9月某日）

小ばなし）　H25指定席の払い戻し無し

JRの職員による「料金払い戻しについての舌足らず」な説明

JRを利用して出張業務を消費するとき、当日にしろ前売りにしろ「指定席特急券」などを購入したのちその指定された電車の発車時刻に乗り遅れたりしたときに、そのままの切符ではその後の別の電車の指定席に乗座することが出来ず、「当該指定席料金を含む特急料金など」は一切払い戻しをしてくれません。ちなみに当該発車時刻前の電車であれば変更乗車が出来る可能性もあります。

ここで下線部の・・・乗座することが出来ず、とあるのを真に受けて、「乗ってはいけない」と解釈する向きがあるので、そんなばかばかしい解釈をする、させる、ことが無いようにと、この稿を思い立った次第です。

この「払い戻しをしない」ということを、JRの職員さんが一番厳しく表現される言い方は、「発車時刻を過ぎれば一切無効になります。」という言葉です。

この言葉を受けて、乗ること自体を禁止されていると誤解して乗車を躊躇される例を時々見受けることもありましたが、時として合併記載されていることもある、「普通乗車料金」をも含めてその切符自体を廃棄してしまう覚悟をしてしまう可能性もあります。

これでは、「覚悟のし過ぎ、させ過ぎで、間違っている」のですが、説明する方がいささか丁寧さが欠けていて不行き届きであるとの謗りを否めません。

正しく言えば「指定席料金を含む特急料金の払い戻しは一切出来ませんが、別の特急電車の自由席であればこの券で「追加料金無料」で乗車いただけます。」

また「別の特急電車の指定席をご希望であれば、この券のうち指定席料金を含む特急料金部分の払い戻しはあきらめていただき、変更乗車されようとする電車の指定席料金と特急料金を別途ご購入下さればご乗車可能でございます。」ということです。

上のことは仕事柄すでに30年来、昔の国鉄時代から経験している出張乗車で幾度か体験した例ですが、結語として、丁寧とかぶっきらぼうとか、謙虚とか生意気とか、そういう表面上の構えもさることながら、個別職員さんの性質として、「払い戻しダメ、をがんばる方」と「カネのことはさておき変更乗車の術、をがんばる方」の両方があって、なななか面白いものだと思うのです。

ただし不思議なことに、結果的には売上げ増となる「「再度の購入」さえ頂けばどうぞ別電車にご乗車くだされば結構です」と、カネさえ払えばなんとかなる、という結語から説明に入られる方には予て遭遇しません。これがいかにも日本的風景です。

File 13

工事と兼業の識別

～時間の踊り場とジャンルの識別前猶予～

「工事」としての実態有る案件は須らく工事として事務進行を行い、工事としての決算を呈す。

実態とは、対元方営業上、まず材工包括した金額を決定し、その後にこれを便宜上分割するといった進行をするような場合である。

また当社の当該工事責任者が、材料数量、労務数量、外注費、工事経費などを包括した一定の責任を付与した案件もまた、工事としての実態有る案件といえる。

島根「T工区工事」における、「材料部分の切り離し発注」という形態に類似して今後、そういう形での発注を考える元方会社も増えてくるかもしれない。

なぜならば、労務費相当部分については翌月現金払いを・・・といった行政指導が強まる中、材料費部分は手形支払いが許容されるとの我田引水の論理をとって、（自社金融を有利に回転させることを目的として）それを形式的に担保した別発注という方便に乗せておけば好都合と考えるからである。

こういう業界背景のもとで、監督官庁としては遅々としながらも、下請け保護の立場から、いかにも不合理な分割発注であれば、「一括して一工事として認める」という措置をとられることが妥当であり、正論である。

したがって経営審査においても、仮に「材料部分であるから注文書を発行しない」という元方企業の理不尽を受けて注文書を入手し得ない場合でも、入金の事実、またはその確信予定があれば、完成工事として申告し、認定されることが蓋然的に予想される。
また「思想上」そうあるべきである。

ただし、決算基準日を過ぎて決算事務を取りまとめる段階で、元方の都合によってどうしても注文書の発行を得ない案件の場合は、「経営審査」に対してはこの旨を記して工事として突き進むか、あるいは妥協して、兼業売上高に切り替えるか、その案件の大きさないしはその時点の思想によって自在に決定する。このとき何ら時間と手間がかかるものではない。
念のため言えば、税務当局は、どちらでも正しく合格する。

上に記した進行における入金事態においては、完成工事金、未完成工事受け入れ金、などとして措置され、原価の発生に際しては、完成工事原価、未成工事支出金などとして措置されるのであり、完成工事とするか兼業売上高とするか未定の期間を仮受け金として入金措置しておくというような猶予は有り得ず、損金側も同様である。

「工事」としての実態が無い案件は須らく「兼業」として事務進行を行い、「兼業」として決算する。

工事としての実態とは、対元方営業上、まず材工包括した金額を決定し、・・・と前頁で記したのであるが、たとえそのように見えるものであっても、実はその交渉に当社が参画せずいるような場合、近時のS社建設を元方とし、R社を当社からの支払い先、とする○○県下における中継工事のような場合は、これは工事としての実態があるとは考えない。
たとえ元方からの注文書、同請書、下請けへの外注注文書、同請書、といった書類が揃っていても、である。

なぜなら当社の当該工事責任者が、材料数量、労務数量、外注費、工事経費などを包括した一定の責任を付与した案件、ではあっても、その成績が、最初から例えば100%とかいうように決定されている「思想」に基づく工事である時は、これは工事としての実態があるとはいわず、「兼業売上高」としての入金措置をとり、「同原価」としての支払い措置をとるのが妥当である。

業務の途上において、しかしながら工事注文書を交わし、外注費、というような言葉が飛び交い、安全協力費5/1000×工事金、というような計算が反映されてくると、なぜ無理して工事からはずすのか、といった「気分」になってきそうである。

もしそういう自然の流れで、これが工事として事務進行を始めた場合、何ら急停止して兼業売上、同原価、という区分にしなければならないものではない。

決算基準日を過ぎて決算事務を取りまとめる段階で、注文書・請書が整っていても、いかにも工事というに無理がある形態を呈したものが見つかったならば、その時点で初めて兼業売上高に切り替えるか、その案件の大きさないしはその時点の思想によって自在に決定する。
このとき何ら時間と手間がかかるものではない。
念のため言えば、税務当局は、どちらでも正しく合格する。

上に記した進行における入金事態においては、兼業売上金、未収入金、などとして措置され、原価の発生に際しては、兼業売上原価、未払金などとして措置されるのであり、完成工事とするか兼業売上高とするか未定の期間を仮受金として入金措置しておくというような猶予は有り得ず、損金側も同様である。

仮受金、仮払金、という思想は、時間的猶予期間に応じた名づけであると思想すべきではないか。時間の踊り場とジャンルの識別前猶予とを混同してはならないと考えます。

（平成23年11月17日）

File 14

歩掛向上の企画努力

～施工者による企画向上（人工数量）の作法～

以下に「二つの主張」を併記して、岩接着工法における競合問題に展望を開きたいものです。

一つは、一般的に話題とされる「設計歩掛の統一」という問題ですが、現在岩接着DKボンド工法の施工実績数が3000件に達する段階では、全国ベースでの定型基準が定められた工法認定ということには時期尚早ということが否めません。

この理由は、競合他社の工法は、ひとことで言えば先行したDK工法を「材料なり施工の風景」としては追認しつつ、積算標準価額（いわゆる歩掛）においては、受注営業の場面ごとに無節操にその多寡を思量することから脱却し得ず、いたずらに「為にする比較」でしかないのが実状となっています。

岩接着工法に限らず、公共工事の中で設計・積算・施工される「工事価額」の構成は、こまかいことを省いて言えば、

①　②　③　④　⑤
（材料の数量×材料の単価）＋（人工の数量×人工の単価）＋（諸経費項目）
の5要素で構成されます。

このうち①は、一般的には発注者・公共機関の側と・受注・施工者建設会社の側が共有するものであり、工事の契約、施工、受け渡しの各段階で不動不変な要素であると考えられています。

②は、買い手側公共機関と、個別材料メーカーないし組合等との間で拮抗する問題で、一般施工者が介入し得ない項目です。

④、および⑤は、対象が「公共」な工事であるばかりに、施工者側の主張は原則的に押さえられる部分であり、施工者側の実態には関わりなく、多くの場合公共機関の側で設定される形式によって恣意的に算定されるのです。

このような基本的構図に加えてさらに重層下請事情が重なる時、**一般の施工者が採算を改善し、維持し、向上させようとすれば、③の要素で頑張るしかないのです。**

つまり何を主張したいのかといえば、

施工者としてはあらゆる合法的手段を以て、（一定の節度のもとで）**積算歩掛の向上を企図し、その実現に努力すべきである。**

ということです。

その「心情と立場」には必ずやご同意いただけるものと願い上げます。

公共工事の発注機関に提供される当方の「標準歩掛」は、あくまでも平均的な数値を提案するものです。

（施工条件の難易度によって区分した後、の段階でさえ、その施工条件のもとでの「平均的な見込み」を示唆しているに過ぎないのであり、「必ずこの人工数で致します」という宣誓書ということではないのですから、あくまでも標準、という表現が妥当なのではないでしょうか）

そしてこのことは、国土交通省ほか公共機関が監修された歩掛標準の類には、必ず明記されてある注釈（下段※）です。

施工条件による歩掛補正という「技法」は、その技法自体に必ずしも科学的普遍なものを要求しても無理があるのですから、見積もり、あるいは設計の各段階において表示される人工数量としてはあくまで「実際に費やしたい数量」が先にイメージされるべきものであり、その後に、**その人工数になるように「代価表を逆算定する」というのが、実は堂々たる正しい運びなのであることを、発注側ですら公式に認められている考え方（下段※注釈）なのですから、ましてや施工者側は堂々と実行あるべき作法であることを、認識しておく必要があると思います。**

ただし、その主張をするとき、一定の節度と、覚悟が必要なことはいうまでもありません。

※　土木工事標準歩掛の使用に当っての留意事項

(1)　土木工事標準歩掛は、我が国で行われる土木工事に広く使用される工法について、「機械施工積算合理化調査（施工実態調査）」をもとに、標準的な施工が行われた場合の労務、材料、機械等の規格や所要量を各々の工種ごとに設定したものである。標準歩掛は、あくまでも標準的な施工を想定した、予定価格を算出するためのツールであって、実際の施工における工法や機械を既定するものではない。

(2)　略

(3)　調査結果は、各種施工条件が同一と考えられる場合、多くは若干のバラツキを持ったデータ分布となるが、標準歩掛は標準的な施工が行われた場合の所要量として、**その平均値を（例図を表示）もって設定されている。**

よって、実際の施工において労務等が標準歩掛に比べて差があったり、使用機械の機種、規格が異なったりすることは十分に起こり得ることを認識することが重要である。

引用：平成11年度　建設省監修　土木工事積算基準

図ー1（イメージ図）

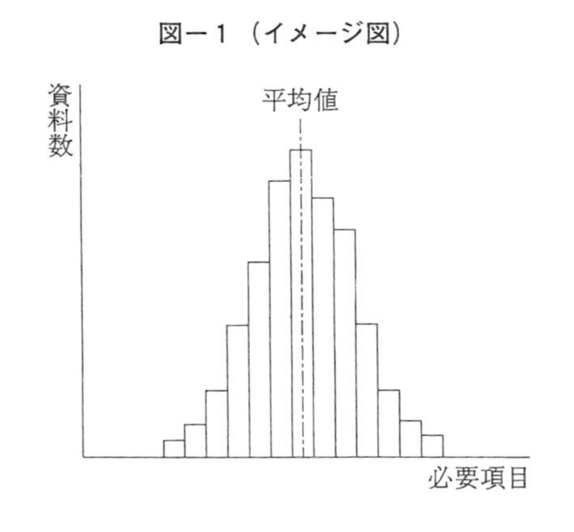

建設省監修
土木工事積算基準
平成11年版

■ 当社工法「DKボンド工法」について

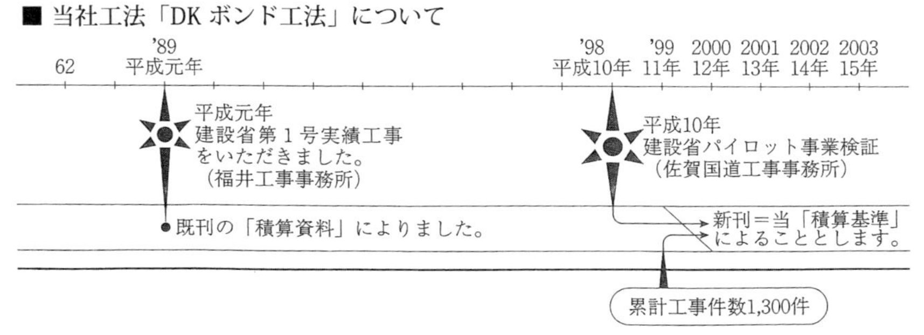

落石災害防止協会　協会刊・H12年度改定「積算基準2000」より

当社「DKボンド工法」において、

基本的には、モノレールまたは索道施設など揚荷の設備が設計されたとしても、「目地係数※1はそのことに係わりなく算定されれば良い」というのが私の個人的考えです。

ただし、以下のようなことがはっきりと確認されるなら、その手順に応じて実態歩掛を低減カウントし、その低減されたカウント数に見合う係数を逆査定して積算に用いるのならば異存はありません。

どういうことかといえば、施工者とすればまず、モノレールや索道施設のない場面を想定して、その場面での実態歩掛を把握することです。その上で、結果的にその実態歩掛を導く目地係数がどのようであるかを勘考し、技法として記載してあるルールの中でその査定が可能かどうか考えます。

このとき、施工者とすれば過剰な歩掛が提示することを想定しがちですから、この点は節度をもって設定することが肝要です。

その次に、発注側の当然の作法として、目地工としての歩掛に対しその過剰性に嫌疑を抱き、これを低減することを企図した揚荷設備の計画が為されるわけですから、そのこと自体は素直に受け入れて、その検討に添わなければなりません。

ここで目地工の施工者として重要なことは、**揚荷施設がいかほどのコストで積算されようとも**、必ずしもそれら施設の施工を自身で為すわけではないでしょうから、そのこと（モノレールなどを無料で使わせてもらうこと）によって具体的に低減され得る目地工事の掛かりがどこまで低下できるものなのか、施工現場の実態と元方社の次第とを正確に把握した上で、緻密に算出してこれを引算することです。

そして、その引き算した歩掛が、一定の余裕をもって積算され得る係数（施工条件の査定）を模索することです。

別記事にも書いたとおり、金額設定はあくまで双方向での作業であるはずで、「高さ」がどう、「勾配」がどう、という事実も、大きく見れば人工数を導く一つの技法上の手段でしかなく、それ自体に目的があるかの適用は不条理なことです。

極端に言えば、高さがQｍで技法規定で仮に係数1.1とあろうとも、その結果算出される人工数が実態に及ばないならば、このことを明記した上で敢えて1.2で適用してもなんら不作法とはいえないと思います。

このあたりのことは飛躍して言えば、発注側の、価格における不条理な低減は許容せざるを得ず、他方、施工者は、（人工の）数量において決してその過剰を認められないという、まことに片務的契約の「考え方」として普遍化しているように思えてなりません。

以上「作法としての礼儀」を述べたまでです。

※1　目地係数：現場条件による目地作業の補正係数（目地作業代価表の数量（人）に乗じる値）

（平成24年4月1日）

File 15

一般名表記による誤処方

～供用材料の一般名表記に対する懸念～

建設公共工事では、その適用範囲が局所的であるか、あるいは開発から間が無く普及度が浅い工法などにおいても一部の例外を除き、後発材料が存在する場合には、設計図書に「一般名詞」で記載される場合が多い。

例えば当社が数十年前に工法自体を先行開発した「岩接着工法」において、「EVA系高分子樹脂接着増強剤を用いたポリマーモルタル」＝「DKボンドモルタル」という製品が同工法の専用材料として提供されているのであるが、他に「アクリル系同」「SBR系同」などの後発商品（を用いた類似な工法）があり、いずれも「特殊モルタル」または「ポリマーモルタル」などの一般名詞で呼ばれている。

これは、発注機関の担当者にとって、工法ないし供用材料の恣意的選定を避けて公正性を担保できる（できているように受け止められる）という利点があると同時に、混乱もまま生じている。原因は使用する材料の大枠な属性が一般名とされている点にある。

これは上に記したように工事発注機関がその公共性を意識する余りに特定の商品名の表示を避けた結果なのであるが、先発工法の開発後一定の時期に至ると、当該工事を受注してそれを施工する民間建設会社の中で、工法メーカーないし材料供給者を商業的に、有り体にいえば安値外注を企図して牽制しやすくするという、まことに忌々しき「効用」も見受けられる。

「岩接着工法」という技術的にも極めて敏感な工事では、うっかり異種の材料を処方すれば、たとえば材料の膨張によって岩亀裂が拡大し落石を誘発する因ともなり、また含有する化学成分によっては浸透水などが周辺環境を汚染することもあり得る。

実は私のこの一文は、後に添付させていただいている、医学薬剤についての「私の視点―薬剤師・久保みずえ氏の投稿記事」を目にした瞬間、扱う分野こそ違えどその構図は全く同感で、当意を得たとして直接に面識をいただき、許可を得た上でそのまま複写させていただくような「形」で書き始めたのであるが、一般名による処方箋（仕様書）のせいで誤って処方され、重篤な副作用が出たりするのは医学薬剤の世界ばかりではない。

建設工法開発の最初段階には「材工不分離」といって、特定の作業員（社）による使用が拘束されるが、一定程度普及すると業界では「誰でもが用いることが出来る材料を、工事管理の面で品質値を拘束することで性能を担保して用いるべきであり、材工不分離などという術は公正な取引を阻害する、「独占禁止法」にも抵触する行為である」などとして、これもまたいささかの心理的副作用を醸すことがある。

たしかにいかに先発品といえども謙虚に見れば畏怖すべき大自然界に対する一つの試行に過ぎず、材料自体も、施工方法も、また施工の理念すらも日々改善が重ねられて向上すべきものであるが、選定候補の複数化による公正性の拡散は、元来の趣意を超えてまことに危惧すべき問題を孕んでいる。

そこで提案したい。使用材料の名称だけを、大属性を以て一般名とするのではなく、一定数量における内容成分比率や量、その他の情報まで含めた形で一般名をつけてはどうだろうか。

ここに某自治体における岩接着工法の仕様書（使用材料の標準配合表を明記）があるが、この形はひとつのヒントを提供している。

工法を検討し設計図書を作成するコンサルタントの技術者と、その設計図書をもとに施工現場を監理監督する公共機関の行政官、そして実際に施工に従事する施工会社の工事職員が、同じイメージを持てる一般名にする。

患者さんの命を守る医療の現場でそうした配慮が不可欠であると同様に、国土を保全し、国民を減災すべき公共工事であるならば、関係各機関はいたずらに一般名表記に走って現実を回避することなく、現場の声に耳を傾けてぜひご一考いただきたい。

（平成24年7月某日）

2012年(平成24年)7月13日　金曜日

私の視点

明確な命名で誤処方を防げ

薬品の一般名

薬剤師

久保　みずえ

今年4月から、一部の例外を除き、後発医薬品が存在する薬品については、処方箋に「一般名」を記載すると、医療側に保険点数2点（20円）が加算されるようになった。このため私が勤務する薬局でも、一般名記載の処方箋が増えた。ただ、混乱もまま生じている。原因は、薬品の成分が一般名とされている点にあると思う。

例えば糖尿病で使うことの多いインスリン。速効型の「イノレットR注」と呼ばれる商品や、中間型の「イノレットN注」と呼ばれる商品があるが、いずれも成分はヒトインスリンなので、一般名はどちらも「ヒトインスリン」だ。うっかり別の型のものを処方する恐れがあり、誤って注射すれば、症状が悪化したり、重篤な副作用が出たりすると心配していた。

幸いにもインスリンは現時点で先発品しかなく、一般名記載をしても保険点数が加算されないことなどから、最近は商品名での処方箋しか見なくなった。ひとまず胸をなで下ろしている。

しかし、似たような例はぜんそくや血圧の薬にもある。薬の性質から、1日1回の服用で良い薬と2回服用する薬があるが、成分が同じであれば、一般名は同じになる。身体の中でどのように吸収されるかで、服用の回数が決まるのだが、一般名だけではそれを読み取れるのは至難だ。

整腸剤も気になる。牛乳アレルギーの人に使える商品と使えない商品があるが、やはり成分が同じなので、同じ一般名で表記されている。薬局で各種のアレルギーをチェックするし、アレルギーをもっていても服用できるメーカーの薬品を投薬したら問題はないという見方もあるが、本当にそれで万全だといえるのだろうか。

もちろん、一般名にも利点はある。処方箋を受けた薬局は、患者さんに希望する薬のタイプを確認して調剤するわけだが、3月までは後発品を先発品には変えられなかったし、先発品を同じ成分の別のメーカーのものに変更することも、勝手にはできなかった。一般名での処方箋であれば、患者さんの希望に応じて薬を提供できる余地が広がるのは確かだ。

そこで提案したい。成分だけを一般名とするのではなく、含有量や使用回数など、薬品に関する各種の情報まで含めた形で、一般名をつけてはどうだろうか。

薬を処方する医師と、医師の書いた処方箋をもとに調剤する薬剤師が、同じイメージを持てる一般名にする。患者さんの命を守る医療の現場では、そうした配慮が不可欠だ。関係各省は現場の声に耳を傾け、ぜひ見直しに着手してもらいたい。

表2　既設石積み護岸の目地補修工比較(抜粋)

	第1案　岩接着ボンド(ポリマーモルタル)	第2案　エポキシ系樹脂	第3案　普通セメント
概　　要	岩接着工法に汎用している接着モルタルで、石材との接着確実性と同耐久性に優れた材料。	コンクリート構造物の補修などに用いられる材料で、高強度かつ材料の耐久性は高い。	一般の石積擁壁やブロック積み擁壁の目地材として用いられる。
構 造 性	引張り接着強さは1.5 ～ 2.5N/mm^{2}見込むことが可能である。	強度的一体化が達成され、対土圧・耐震性も向上する。	力学上の一体構造ではないので土圧、地震などにより経年後に不安定化する恐れがある。
施 工 性	岩接着工法としての実績から、石材とのなじみが良い。	施工時の石の接着面を一定の乾燥清浄させた状態に維持する必要がある。	一般の土木工事においては、特段の施工拘束は無い。
環 境 性	人体に影響を及ぼすような環境を阻害する毒性は無い。	環境を阻害する毒性はないが、施工時の作業員に対して換気性を考慮する必要がある。	環境を阻害する毒性はない。
施工事例	NETIS登録　SK-980021-V(事後評価済み技術)	石積みの補修に用いられることは一般に少ない。	通常の石積擁壁に用いるものであり、一般的である。
経済比率	10	100	1
評　　価	エポキシ系より安価で、かつ通常のモルタルにはない引張り接着強さが得られる。耐久性もあり、度重なる補修の必要がなくなる。	コンクリート構造物の補修にも用いられる強度を有するが、高価であり、石積み補修には一般に用いられない。	当該地区でも従前よりモルタルによる補修が行われているが目地材の抜け落ちが再発生している状況である。

写真5、6　既設護岸の目地補修

写真7、8　既設護岸の目地補修

既設護岸の空洞化対策

既設石積み護岸の背面は、目地部の破損や水平クラックのみならず、今回行った試掘調査により空洞化していることが判明した。空洞化の原因は、波浪により前面の根固めコンクリートが破損し、背面の裏込材や埋戻し材等の土砂が流出したものと想定された。この空洞化対策として、本設計では石積み護岸の積み直しとグラウト注入工の比較検討を行った。

野島海岸では海苔の養殖が行われており、養殖時期を除く施工可能期間としては5～8月の4ヶ月程度しか見込めないものであった。石積み護岸の積み直しおよび背面の埋戻しの場合は、海岸部の締切りを確実なものとするため鋼矢板による仮締切りを必要とし、工期増となるとともに大規模な施工となる。これに対し、グラウト注入工は陸上部からの施工が可能であり、かつ海への影響を回避できる工法である。そのため、施工性および経済性の観点からグラウト注入工(Wフィルグラウト工法)を採用した。

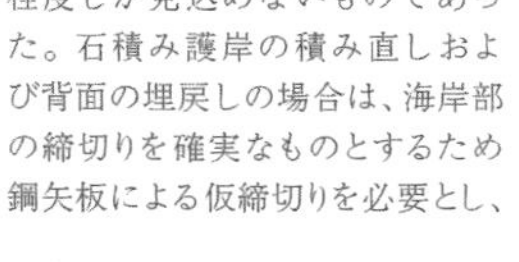

環境に対する配慮

今回の整備では、海苔の養殖への影響に配慮した施工工程の実施や自然への影響に配慮する必要があった。このため、水質汚濁に係る水素イオン濃度(pH)や化学的酸素要求量(COD)等の基準値がある「生活環境の保全に関する環境基準」を満足する使用材料として、目地補修で用いた岩接着ボンドや空洞化対策に用いたグラウト材など、無公害性の材料や工法を積極的に採用する計画を行った。

写真9、10　試掘調査で判明した空洞部

052　Civil Engineering Consultant　VOL.256 July 2012

File 16

小規模工事対応の硬論と軟(難)論

～人工数から遠ざけた代価表積算、一方で積上げ積算の活用について～

小規模工事に対応して、その採算性改善の議論は、私見では以下2通りの「道」に大別されます。

第一の道はいわば「経営の道」であり、かかる議論における唯一の「王道」なのです。

いわく、各企業体がそれぞれ独自の業務運用の規範として、発生する小規模工事に対応してその「刈取り策」を模索し工面するなかで、当該対応に恒常的に有効性を発揮できる協同組織体を編成する、ということです。

しかしながら決して同じ次元、同じ属性に在るわけでない個別企業体の意志が集約されることは直ちに期待できるものではなく、よほどの大きな土俵を想定した活動が必要です。

たとえば我々専門工事業者の立場から言える「硬論」としては、発注が期待（予定）される案件ごとに事前の緻密な追跡と営業活動に拠って、その発注に係る業者形式を制御する、ということがあります。

これは普通の企業努力の形でいえば、1）「下請けでなく元請で受注できるように」とか、同じ意味から、2）専門業種部分の分離発注を要求する、とかの諸策ですが、そのような「策」が何時でも容易に適うほど呑気な業界でないこともまた自明であり、いまひとつ、3）一定の地理的近隣区域内に散在して発生する小規模工事を、「包括的に処理出来る会社」を特約店等として設営して統御する形をとるか、ということですが、これらの対応策各項とも、各企業体の経営理念に直接関与する課題なので、短兵急な議論には馴染まないものです。

ところで、広い業界の中でどれだけ実効性が確保されるか疑問は残るにしても、下に添付した記事にある「硬論」に便乗した考え方として、元請会社が工事を落札する前段階で、「積み上げ形式による小規模専門工事部分の見積もり」を提示しておく、という手続きが、事後の不条理な圧迫を何某かは回避できる手段となるように思えるので、次ページ以降の本旨に添えて、先に掲示しておきます。

仮に、上段に紹介した記事のようなことがとられて、事前見積もりとでもいえる手順が通用する場面があるならば、対象案件が特に小規模工事であるときには敢えて「代価表形式の積算」をとらず、「材料数、人工数、および経費諸元の積み上げ形式」をとってその内実を真摯に主張し、見積もり価額の達成を図るという進行の仕方が有り得るのではないかということです。

そもそも私たちは、岩接着工法に限らず、工事を受注したり外注したりするときに、必ず「代価表形式の積算」に拠らなければならない、というわけではないでしょう。

工事積算の場面で標準的に用いられる「代価表」というのは、そもそも、複数の施工実験においてその施工数量を達成するために「実投入される材料の素材と労務人工の数量」の統計的逆算値なのであるから、「代価表形式の積算」に拠らず「材料素材と労務人工の数量」によって見積もり額を積み上げることは、「同じ内容を言葉としてどう表現するか」というだけの違いで、数理の本質的には何も違うことではないのです。

なぜこういう逆説的な言い方になるのかというと、設計数量がいくら少量であるからといっても、1）これを不要な空数量（ふかした数量）のもとで施工させる、などという方便は公共工事で決してとられるものではないし、2）

入札時に下請け会社の見積もり提出

国交省が元請け会社に適切な契約金額を守るよう義務付け

国土交通省は、入札参加者に対して下請け会社の見積もりの提出を義務付ける入札方式を新たに導入する。専門工事会社の施工実績などを評価する「特定専門工事審査型」の総合評価落札方式に取り入れる。2012年度に数件で試行する予定だ。

新たに導入する入札方式では、入札参加者である元請け会社が、入札時に法面や杭基礎などの「特定専門工事」を請け負う予定の下請け会社から見積書を提出させ、その写しを発注者に提出する。

元請け会社は受注後、見積金額以上で下請け会社と契約しなくてはならない。見積金額を下回った場合や、見積金額以上で契約しても契約金額を下回るような支払いをした場合は、指名停止や工事成績評定の減点などの措置を講じる。

法面、杭基礎、地盤改良などが対象

専門工事を担う下請け会社の技術力を適切に評価するために導入した特定専門工事審査型は、07年度から始めて10年度までに25件で試行している。法面処理や杭基礎施工、地盤改良、海上施工のいずれかの工種の割合が高い工事を対象とする。

特定専門工事への配点は、施工体制評価点を除く加算点全体の50%未満の範囲内で定める。

下請け会社の見積もりを踏まえた入札方式の導入や特定専門工事審査型の推進は、11年6月に建設産業戦略会議が取りまとめた「建設産業の再生と発展のための方策2011」に盛り込まれている。技術力のある下請け会社の活用を進め、適切な支払いを担保するのが狙いだ。

国交省は6月11日付で、各地方整備局の関係部局などに通達を出した。7月1日以降に入札手続きを開始する工事から適用する。

（真鍋 政彦）

2012.7.9 | NIKKEI CONSTRUCTION | 27

諸経費率の過剰な要求が容易に適う施主側公共機関対元請会社の関係ではなく、ましてや元請と下請けの関係において何をかいわんや、という現実があり、この1）と2）2点の憧着は**公正を旨とする近代政治の体制下では決して克服し得ない**ものだからです。

言い換えれば、公的に数値上の割増しを得るということは絶対に普遍化し難い、ということです。

ここで、それではなぜ代価表形式の積算が一般的に普遍化したのか考えてみると、主客の目を施工対象の数量に引きつけて、積算中の人工数から遠ざけることが出来る方法だからです。

（平成24年7月22日）

File 17

独立自尊の分別論

～同じ事案の2つの仕儀を、○次元で捉える～

独立自尊の分別論

以下は私が近年会社の業務で体験したいわゆる「ややこしげな話」、同じ事案に対する二つの仕儀について一見「どこがどう違うのか？」 と注視した、事案処理方における分別の顛末を、1. 複線論　2. 二階建て論　3. 逆流論 と名づけて書留めるものです。

簡単なことをわざと複雑にしたがる困った性格といわれますが、実はその反対で、分別という作業に慣れてくると、一見したところ二律背反であったり、あるいは自家撞着に陥ったりという、折々に軽重種々な「さも複雑そうに見える錯綜する事象」に対して、冷静にその差異を説明するポイントが掴めるのです。なにより、どちらにしたって同じことだから、といった自分自身の思考停止がなくなり、それなりに世の中のことごとについて丁寧な対応が出来るような気がしてくるのです。

1. 2. 3. の種別は、三本の座標軸によって空間を三次元化する便宜上の概念に立って、観念的に整理をしたもので、仮に1. が左右をいうX軸なら、2. が天・地をいうY軸で、3. が手前から奥へ向かうZ軸ということです。「人間は（または世間は）矛盾だらけ・・・」という嘆き節を聞きますがそれはそれとして、私はいまなお不熟の極み、自身の納得のためにこういった自尊の説明をつけたいのです。

1. 複線論

鉄道の路線で単線というのは、一帯の線路を時間を制御することによって双方向で使う、というまことに便利な利用方法ですが、当然ながら同時に双方向で列車が走れば、これは衝突間違いなしの危険な設備です。そこで複線化が企図されます。これは二帯の線路を造り、上り線と下り線それぞれに占有して使うということであり、効率も良く安全上でも大変結構なことです。しかしながら設備はあくまで設備ですから、時によって、普段は下り線用としている線路を反対向きに走らせて、二帯同時に上り線として使う、ということも出来るわけです。つまり、あるときには「上り列車が二本走る」という状態も考えられるということです。勿論その時間に対向の走行が無いように、厳重な管理が必要なことはいうまでもありませんが。この態に立って、業務上の分別が説明されることがあります。

一例として、販売材料費の値引き案件に遭遇して考えたことです。

一個1万円のものを100個売れば・買えば100万円ですが、これが特別に1割値引きする・されることが決まったとして、その帳面上の技法に二通りがあります。

私の体験では、購買側の営業職者は一般的には、自己の攻勢に因って1個9000円で100個買って90万円であったという記録を勘考するのですが、販売側の営業職は、この値引き事実が継続的に実効化されることに懸念して、今回だけは1個1万円で90個を有償販売し、10個は試供品として無償提供した、などいう方便を考えることがままあります。

これを購入側、販売側それぞれの営業職という立場で考えれば上記のような潜在希求があるわけですが、いま仮に担当者の職分を「税務」を扱う者として見方を変えた場合、上記いう「試供品」とする行為は、「単価の割引」によるよりも些か税務当局の追及を受ける色合いが大きいとして、これを忌避する判断もあるようです。

この例のようなとき、単回の結果的「損益」は同じことでも、そのことの再発性、相手方の事情、等に因って採る技法は変わってもよいのです。どちらもが正しい方法として認められますし、しかし頻度によって、あるいは相手方の選別に係る恣意性などによってはどちらの形であっても自社の営業あるいは税務を脅かす際どい技法として諌められることもあります。つまり、時と場合によるというわけです。解は複数あるのです。

こういう、何かによって分別事情のある業務判断は、若いうちはどうでも良いことと思いがちですが、、個別の事情を見極めて往けば必ず「次回」に役立つものです。

私はこれを複線論　＝　どちらも要注意の正解論　として納得しています。

もうひとつ「どちらも正解」な複線論的な事例を紹介しておきます。それは最近社内の一部で語った別稿「公共工事労務費調査に関わる業界弛緩論」からの抜粋です。

まず複線の一つは、施工体制台帳で「当社が1次下請けとして届けられて在り、当社の外注社が在るが、その実質2次下請け会社に所属する作業員が、元方会社から発注者への配意に基づいた当社への強願に基づいて、当社の名簿に偽掲されてある工事」で、当社がその実質2次下請け会社を調査の会場に同伴していたにもかかわらず、調査会社は当該工事を調査対象件から除外し、加えて名簿の偽掲がとがめられることもなく放置されたままで終了したという事態です。

複線のもう一つは、施工体制台帳で「当社が2次下請けとして届けられて在り、当社の外注社が実在しているが、その実質3次下請け会社に所属する作業員が、元方会社あるいは1次下請け社から発注者への配意に基づいた当社への強願に拠って、かどうか当社の名簿に偽掲されてある工事」で、当社がその実質3次下請け会社を同伴していたところ、形式上は第1のケースと同じく調査件から外されてもよかったであろうにもかかわらず、当該3次下請け社からのデータを収集して一応の執行をされた、という第1のケースとは異なる事態と、そして第1例と同じく、名簿の偽掲はとがめられることもなく済まされたという現象です。

この2例の底流にある業界事情は、所謂「施工現地の民意＝鎖国・攘夷意識」への配意という問題と、大仰に捉えれば、明治以来つい10年も過ぎない先年まで、時を追って堅固に構築されて来ていた我が国の建設業界挙げての統制が、投下予算の漸減、政治の激変、その他さまざまな社会事象の問題として「外部社会からの攻勢」をたっぷりと受けた結果、近日にはもはや到底一枚岩では有り得なくなった、という業界の実態です。

多重の下請け体制が法的に禁じられている場面であればいざ知らず、そうでなく、多層下請けとか、あるいは県外業者の編入とかいったことを忌避し、秘匿せんとする理由がひたすらに「施工現地の民意＝鎖国・攘夷意識」に配意したものであるような場合であれば、当社としては一旦急あればあくまで労災事態下の不条理を回避すべく、施工体制上位者に対して構成末端者までの属性について、ひるむことなく掲示することを予告しておき、仮に形式上は止むを得ず上位者の強願に屈する場合でも、「事あれば直ちに実態を開示して、措置は社会の正論を待つ」ということで進行すれば良いのです。

以上は別稿から引用して一部加筆したものですが、この臨機こそが「複線論」と呼ぶに相応しいもので、こういったダブルスタンダードを表裏の偽装とか、建前と本音という風に陰湿に捉えることは間違いで、どちらもが正義として通用するものと考えます。

2. 二階建て論

平面で語る複線論に対して、立体をイメージして二階建て論と名付けるのですが、一つの主体は必ずしも単個の母体から成り立っているものでなく、そこには自ずから複層した構成があるものです。建設会社も然り、業務内容には生産部門と受注営業部門という大きく分けて二部門があります。ひといきに飛躍して大次元から喝破するならば、企業というものは需要と供給という二つの命題のバランスがあってこその存在です。

そこで、各企業単体でその調整に勤しむべきことは当然ながら、当社のような小規模市場における自主開拓産業とでもいうべき業種に携わる企業の場合は、その需要と供給を地理的・季節的に調整することによっていささかでもそのミスマッチを軽減することが可能になるものと信じます。そこで当社は、「工法特約店という制度」を主宰しているのですが、この制度に対する考え方は関係する各社ないしそれぞれの社員・階層ごとに様々です。

私は、「制度」というものはこれを有意に利用しようとする者が時々に使えば良いのであって、決して各員各々の理念が統一されて頑迷に組織化される必要は無く、いわんや法的背景を有して各社の上部に、統合本部として当社が立つなどの形式は無用であり、必要に応じて各員が合理的にこれを利用できる臨機応変な立ち場所であれば良い、と考えています。このような背景のもと、近日の特約店の新設・解除・自然消滅といった事象につき、地域性にも纏わる三点の分別事情があるのでここで説明しておきます。

ここに記述する、いささか我田引水かと察せられる方便は、先に述べた複線論とは少し違って、相互補完という意味合いを含んだ共存主義、各員の実態を反映した調整主義、とでもいえる類に属した仕様となるので、この二階建て論というのは分別三法のうち最も情念的な技法といえるかもしれません。

当社は工法契約の特約店に対して、「受注営業と施工を一貫して負担」していただくことを求め、これを契約上最大の枢要点としています。このことには、一概に「責任施工体制」という理念を標榜するばかりではなく、一定の限られた需要と供給体力を有効に設定したいとする営利判断があります。

即ち第一例北海道にあっては、当社が近年力を注いで養成しようやくその任に耐えて発注当局からも期待されるに至った有用な生産力を無碍に失うことは忍びず、故に新発のP社を特約店として認証したのであり、逆に生産力を失ってその補充に意を持たれないM社は、他方需要の確保という点でもその任に耐えず、これを解除したものです。

第二例近畿一円にあって、近年受給を統括して独立性のあったF社が、その統括力を損ない失墜するなかで、当社は自身および他地域の特約店が有する既存の供給力の季節的調整を期待する市場として、その開放を考えたのです。一旦特約店契約社を置く以上、その受給一貫体制を支援するのが必定であり、そこに当面の猶予を持とうとしたのです。

第三例、北陸石川県において、従前Y社が不調になって以来後任無く、事案ごと単発的に推移していたところ、今搬当方に関心をいただく会社があり、ここには当社元来の主張である需給一貫体制を期待できるものとして、近隣諸県の関係社を調整してこれを設定したものです。

以上のとおり、ある面では錯綜して矛盾するかに見られる形であっても、当社にとっての功罪という点から分別すれば一定の整合性が得られるのです。

サファリパークで「あの象は女の子かな？どう思う？」と子供に質問したが、子供は「？」としていた。「女の子」というのは人間のなかのジャンルとしてしかその子には認識されていなかったということで、属性の段階識別ということが相互理解の基本となります。

需要が絶対的に飽和する中で、上手に供給を制御することが「経営」というものであった時代、すなわち農村からの季節労働者をして供給調整に用い、建設産業を第一次産業との掛け持ちで促進出来た時代には、会社業務としては、象かキリンか、はたまたライオンか、という問題であって、「男の子かな女の子かな」などという視点は無かったということです。

3. 逆流弁論

昔、労働者の権利擁護闘争として36協定と呼ばれる、使用者側からの過剰時間外労働を拒否できるとする労働協定確保の運動がありました。一方的なまたは強圧的な要求に対する時間外労働の過酷から労働者を保護しようとする、これは被使用者側からの労働条件保護闘争でした。私は近年これに対して、36協定で記される時間外数値がコスト制御のためにする使用者側からの許容値であるか、と捉えてその改善？（上昇）を期待されるという局面を経験しました。まことに時間の流れとは矢の如く、労働者・使用者という用語も最近では特異な印象を受ける言葉になったように見受けて感慨無量のことでした。

正邪は直なり、損得は曲なりといわれる由縁、同じ23度Cでも、冷房をかけるか暖房をかけるか、これは全く違った作法となります。

ところで聞くところでは軍隊などの組織に「封密命令」というのがあるようです。将来の時限を切って、その時刻に開封して初めて有効性を発揮するという命令書で、しかも必ずしも開封されるものかどうかは指揮者の裁量に因るのであって、複数の条件が達成された場合に限って、ある時点で開示の可能性がある命題となるわけですから、この考え方は大変合理的なものではないでしょうか。運用の仕方によっては最も適格な命令となるのです。

日露戦争のなか明治38年5月27日に先立つ数日前、時の連合艦隊旗艦三笠の司令官室で交された「津軽海峡への展開」を想定した封密命令というドラマがありましたが、それは一定の時刻に至り、かつ熟慮すべき課題がすべて消化された場面では、それまで待機した対馬海峡での迎撃の備えを終えて艦隊を津軽海峡方面へ転進させるという命令が封密されていたもの、その封密を解くことなく既定の想定どおりに展開されたことは有名な史実です。

会社業務上で経験したもう一つの話に「再就職支度金」という制度の運用

談がありました。これは再就職が規定の事実として決まっていたのでは支度金が給付されるという展開はないのです。退職して、支度金を得て求職していたところ元の職場から再就職を打診を受けこれを承知した、という時系列の展開があったときこの適用が成り立つのです。

卵が先か鶏が先かということがいわれますが、同じ因子による顛末でも、先の冷房・暖房の話と同じで、どちらでも良いという問題ではなく、時系列の順が守られてこそ成り立つ作法というのがあるということです。

このことも、裏表とか面従腹背とか、ネガティブに受け止めてはいけないと思います。

最近某金融会社において、海外勤務命令に応じることを条件として外国語講習の費用を会社負担したが、故あってそのことが満たされなかった時、負担費用の返還を求めた、という事案があり、司法はこの返還要求を認めず、会社側が敗訴したという報道がありました。このことは労働者の保護というスタンスから当然のことのように見られているのですが、時系列の展開経緯をつぶさに追跡すればおのずと自明な結果であろうと考えます。

雇用契約の上でいかなる重厚な約束事が出来ていたにせよ、その達成を阻害する事態は容易に発生し得るのです。そこには悪意とか下心とかいうさもしい人情の出る幕ではない、なおいえば労働者の保護思想ですらない、厳然たる時間軸逆流阻止弁が作動しているように思います。

このように考えると、前に述べた「封密命令の恣意的運用」という考え方は、人間の自然な生きざまという視点からすれば、実はあってはならないことなのかもしれません。

「形」として、しかし場面によっては温存したい考え方ではありませんか。

（平成24年10月7日）

File 18

K省立入検査時の総括を今後の業務運用「処方」とする

～時系列・遡上法と遵流によるストーリーの間で～

去る11月19日に実施された国土交通省の立入検査について、経緯を総括し、今後の業務運用にひとつの「処方」を示唆する。

まえがき

今回の立入検査は当社が元請企業として、対下請企業との契約ないし工事の推進を合法的かつ妥当に実施出来ているか、という書類形式上の視点が最大のステージであったように思います。

結果的に検査レベルをそのステージに留めていただけたという、当方にとってはいささかお優し過ぎる温湯の中で、今回対象とされた抽出工事が進行中であった平成24年当時からの予見どおりに、また結果として的確であった分岐路判断＝「時系列・遡上法」の選択が功を奏して、基本的には徳俵ひとつで合格レベルに留まれたのではないでしょうか。

温湯＝ぬるま湯　のつもりの造語です。　　徳俵＝相撲の言葉。

社員各位には最初におことわりしておきますが、以下5節に亘って述懐する私見は検査のレベルが温湯30度ほどの仕儀であればこそ合格レベルに留まれた「処世の要領」を示唆しているのであって、これがいざ鎌倉、と世間様がある意図を以て熱湯50度ほどにでもなれば、24年当時の鷹揚な工事進行の手順なり実態ではたちまち、基本的に検査の開始にすら耐えられないレベルにまで堕ちたものであるということを肝に銘じておく必要があります。

いざ鎌倉＝頼朝の妻北条政子の言葉/危急存亡のトキをいう。

ある意図とは例えば、あの会社は無用！などとする「排除」の意図です。

このレポートの底に流している私の社会観は、会社は決して不正義を自覚した業務遂行をとるなどせず、今後に向けて「世間様」から恣意的な排除の意図を蒙らないようにしたい、という当然の強い意志とともに、個別業務の処方形式の上では敢えて時系列に逆行する「遡上」法という危険な技法にも自らを委ねざるを得ない複雑な現世の中で、常に「そのとき」を意識しながら、理論武装を怠ることなく平素の鍛錬に努めていただきたい、とした常在戦場の緊張感を意識した機運なのです。

ただし今回Q工事で思考して、有効性を垣間見て推奨している「時系列遡上法」は実はとても危険な技法です。子供に使わせてはいけません。失敗が目に見えています。

理想的にいえばやはり人の世の業の進行は時系列を追った「遵流」ストーリーで紡いでいけるものでなければ「子供」に胸を張って伝授できるものにならないのです。

1節　分岐の稜線

さはさりながら、ここでは危険を承知で選択した技法について語っておきます。

今回検査対象とされた抽出工事が施工中の段階、平成24年当時から、いずれかくあることを見据えて「工事金の支払決済」を重ねた者として、この立入検査対応準備を始めた時点で敢えて書式表面を形式的に見る限りでは、手元に集積している記録書類を紡ぐストーリーの起点と終点のとり方が極めて危うい「分岐の稜線」に立たされているということを自覚させられた末の、いわば覚悟の選択であったのです。

とるべき「思想」としては予期してウオーミングアップをしていた「遡上」で往くか、素朴に「遵流」をとるか、この分岐のとり方による一件工事経緯についてのストーリーの違いは、起終の両点は逆転しながらも同じであるが、途中の安全度というか、仮に途中で破綻したときのダメージが相当違うのではないかと考えつづけてきたのが、私の近年の学習体験での印象であったのです。

具体的にいえば、ストーリーを営業スタート「遵流」とするか総務スタート「遡上」とするかという対比です。自意識過剰に日露戦争時の物語を気取って、ロシア艦隊が来るのは対馬か樺太か、と見えない敵を予想しながら充実した時間がすごせました。

その結果が、総務事実不動の原則であったのです。

当該業務事務局においては当然のこと、作為の無い、形式表層上における検査官からの指摘事項とそれに対する個別の答弁が実況中継として公式レポートにまとめられているとおりですから、ここでは決してその公式表層の形式論と次元を異にするというのではなく、ただ「総務事実不動の道」をとってこの事実からスタートして、時系列的に過去に逆流するようにストーリーを紡いでいくとした、この「遡上構成」をとるとした判断の効果がおもいのほか大きかったということを言いたいのです。

このことを以下に噛み砕いて語ります。

2節　建設会社における「営業」「工事」「総務」の鼎立

建設会社では一般に業務上の立場なり人事の分掌が「営業」「工事」「総務」と大別されるものと言って差し支えないと思うのですが、私が若齢のときから標榜しているのは、「会社業務として一貫すべき基軸は、須らく税務会計

（包括的表現をすれば「総務」）上の事実に一貫して収斂すべきこと」という大原則です。

先走って結語的に言えば、総務決済はすくなくとも外的波及を担保としているだけ、営業、工事上の事案以上に深甚にして犯すべからざる確定度が高い、ということで、よほどのことがない限り事後においてこれを修正糊塗しようとしてはならない、という「覚悟」が必要であるということです。

つまり稚拙に言ってしまえば、上でいう「深甚」というのが根が深く拡がっているポジションであるという意味で、会社の独善だけでは完結し難い世間ルールの、良い意味でのしがらみにネットされているという意味です。

逆説すれば、当該工事に関する「営業」上の重要な前後事情なり、「工事」展開における事実経緯等は、仮にそれらがいかに真摯な重大な事実であろうとも、それらを「先行して完全に確定している要因」として先に措置不動の執行をして、時系列的に後刻になって発生する（のが一般である）相関した税務・会計事案を覚悟なく成り行きまかせにしておいた結果、後日になって大きく修正せざるを得なくなる、というような進行をとってはならないということなのです。これが世間の脱税問題などでよく出てくる事件の実相なのではないでしょうか。

すなわち、工事が開始してから収斂するまでの過程において決済される「総務」事案は後日に至っては修正不可能となる、その決済時点以前からの事実の集積として、施主関係、税務機関、営業・工事含む建設業界、地域の経済諸会、社内各部門、いずれの関係者に対しても斟酌なく開示可能な執行でなければならないということです。

つまり社内事情を超えて対「外」的開示事項であるということです。

逆に言えば、営業上、工事進行上の諸事情は総務決済の時点でその確定決済に不整合のない節度（言い換えれば「誤差」）の範囲に拘束されるべきもので、その誤差の範囲においてのみ会社としての業務の一貫性の調整可能性が狭められるということです。

こういった論旨を私の体験上で有り体にいえば、総務事案の決済事実からこそ始めて業務展開の一貫ストーリーが作られなければならないはずなのですが、世間ではしばしば時系列的に前に位置することによって自然のアドバンテージを得て、営業上、工事進行上の諸事情からスタートするストーリーをそのまま展開することで問題をこじれさせてしまうことが多いのです。いわく ついうっかり、いわく行き当たりばったり・・・。

つまり私は、平成24年7月20日にＢ社へ中間金を支払ったことと、検査後に4社あて工事金を一定額支払ったこと、その決済事実こそがまさに揺るがしがたい総務事案であって、あとはこのことから演繹できる誤差の中で、「遡上」作業によってストーリーが編成され得ると考えていたのです。

そして私が最も主張したい点は、元来鼎立する業務3部門を統御して、業務遂行のストーリーを一貫すべきは、発生の時系列順では「営業」と「総務」の中間点に位置し、建設「業」としてまさしく主導的立場に立つべき「工事」部門のリーダーすなわち当該工事の「現場代理人の一時代行者」としてスタートボタンを押したということなのです。

一時代行者＝日露戦争爾霊山で第3軍司令官乃木希典の指揮権を代行したとされる満州総軍総参謀長児玉源太郎の立場

3節　今回の「分岐の稜線」の発見

今回の立入検査の通知が入って早々に、総務部・・課長ｎ氏が関係者数人を集めてその場で語ったことは、大略次のようなことでした。

「当該工事の外注予定社名簿の記載金額、および発行日時（以上が「営業」決済事案ということです）と、個別複数回に及ぶ支払金額の事実（これが「総務」事案ということです）を整合させて書類を整理しなければ、現況では検査対応不適格である」と。

ただここでいう書類上の不適格な実態とは、一般にはこういった経年後の立入検査、あるいは税務調査でもない限り必ずしも対外的に不条理を発生させているものでもなく、その証拠に当時の工事関係方々から見ても特段の不都合の主張が無い実態であったわけですから、「友好同盟国」的平和裏にある温湯な関係者間では事後に到って現実利害得失の上で問題視されることなく、今回表面的形式上の主題として想定してみただけの「不整合事態」であることに相違はないのですが。

ただそのストーリーに形式的にせよ曲折が見えたのでは、いかに30度の温湯といえども公式検査に向けてはやはり不誠実な応対という謗りを免れないでしょう。

そこで私は上記した「総務不動」の基軸論の出番を直感したのです。

その後の書類準備の経過はn氏主導で粛々と進行されて、検査を迎えることが出来ました。ただ私が上段に記述しながらもいまひとつ、社内に向けた説明に逡巡する業務分掌上の軋轢は、「総務事務職社員による先導」という無垢社員からの印象を払拭したいがために敢えてn氏に対して「業務部総務課長」の名刺を準備して検査対応に臨ませた、会社の職務分掌上の隘路のことです。

会社としての業務にストーリーの一貫性を期待するとき、当社は「建設業という専門業」を複数の「総合職務者」によって先導あるべきと考えて居り、分化された「営業」「工事」「総務」の「専門職」の糾合によって「総合建設業」を展開しようとするような理念上の空想＝（私見では大企業病ともいう）はふさわしくない、と思うのです。

このあたりのことは、今回の「分岐の稜線」で私がとった反対側に何があったのか、語れば実態が炙り出されます。反対とはつまり遵流ストーリーです。

4節　反対側の遵流ストーリー

反対側とは、平成24年1月20日に施主に提示したという「下請候補6社一覧表」:これを不動一貫のスタート措置として捉え、その後この6社表から実施業者数がしかるべく割愛・選別されて、最終的にはB社ふくむ3社プラスB'社の構成で収斂した、という「営業」先行の遵流ストーリーを紡ぐことです。

この「先行営業不動のストーリー」で書類の一貫性整備を開始すると以下のようになったでしょう。このことを「仮想の失敗例」として書いておきます。

一見、現実に採用した総務不動のストーリーとなにも違わないように見えるかも知れませんが、この指向を進めていくと実は「2次下請社」の存在をどうするかという、当時実際には取り扱いが微妙に揺れていたであろう内実の深層心理が醸し出されてくるのです。そして暴かなくても良いものが俎上に上がってくるということです。

最終的には当方の意思に沿ってB社による実質包括で現行の4社体制が準備されたのですが、当時4月、5月、6月となぜ中間金支払に係る具体的提示が躊躇されて後送りにされたのかというと、そこには最後段階まで、ノミネート各社の施工体制への表示をどうするか、一次とするか2次とするか、また掲示をしないか、という配慮で混迷があったとするのが極めて蓋然性あることです。

C社を一次下請として名簿に記載することは、初期段階の営業姿勢の主体性に悖るという意味で当社が「嫌気」したことに遠慮されて、二次下請としての記載もB社が躊躇されたということでしょうか。

結局、表示なしとして当方の「総務」決済のままに追随されたのだろうと思います。

仮に立入検査において温湯が冷めて、その実態の秘匿が問題にされたときには、ステージの選択の余地を残して進行していた当時の現実が決して不正義な事象であるわけではないのですから、へたな書類上の釈明に走ることなく上記のような経緯の陳述によって解決するはず、と腹を括っていたのです。君子豹変は大切なことです。

君子豹変＝ことわざ　用いるべきはかくの如しか？

5節　それでは単純にいって「当時とすればどうすればよかったのか」

以上の総括は如実な実体験としての述懐ですが、一般的な当事者談義としていうならば工事の着手時点で「施工体制」をどう開示して進行するのが妥当であるのか、という問題です。最初から遵流進行がなぜできないのか、という釈明とでもいえますか。

そのポイントは業務部（「営業」と「工事」を包括した表現のつもりで使っています）の立場からすると、①一括下請の禁止条項に抵触するのではないかという、多くの場合筋違いな風評を懸念して悶着する問題と、究極的には編成業者の選別に行き着く上記した、②二次下請の開示是非の問題を、緻密な建設業法の解釈と、総務経理上の知見を下支えとして遵流執行に自信を持ってスタートを切る、ということに集約されるのではないでしょうか。

上段で集約した2項目の命題はひとことで括れば、建設産業のなか「建設業者」次元におけるシェアリングの問題なのです。

いわく、「共存共栄」を謳わざるを得ない＝（排除の論理は公言し難い）公共機関の偽善に相まって建設業者間においても公然と唯我独尊他社排除を唱えるわけにはいかない背景から、この問題が醸されるのです。

必ずしも選別受注を可能とするほどに過剰な受注候補といえる工事が降り注ぐわけではありませんから、実際のところ受注した全件工事について正邪を以て直裁な主張を執行できるわけではないのです。損得を意識した曲折も当然在り得るのです。

正邪は直なり、損得は曲なり。

そういった軋轢の中で、見方によってはいかにも妥協的な方法ともいえますが、かといって過激な選別を緩和し、穏健を装い、実態不正義を回避する処世の展開としては、今回の検査対象工事におけるような形式はおおいに参考になると思います。

（平成25年11月30日）

File 19

消費税率の業務論

～損益には無縁の消費税について～

「消費税率の改定」というこの時節に乗じて、各職域者に「経理勘定科目」というものの実務上の有用性を認識していただく絶妙の話題がこのレポートの背景にあります。

「未収入金」には二つの部位があるということ。

唐突ですが最初に、私が嘗てこのことを腹にいれることの出来たキーワードというのを告白しておきますと、会社が「未収入金」という科目を付して入金待ちしている業務上のカネを凝視したとき、いよいよ入金した暁には「○○の売上高」という名が付いて正真正銘会社の売上高として会社のカネになる部位と、入金した瞬間には「仮受消費税」という名が付いてしばらくの間（一年以内）だけ会社にヤドカリする部位と、二つの部位が一緒に混ぜくって「未収入金」と名付けられてある、ということに気が付いたのです。

つまり算式で書くと「未収入金」＝「いずれ売上高本体たる未収入金」＋「いずれ仮受消費税たる未収入金」ということです。

このことは「消費税ゼロ」という時代にも通用する式ですから経理上間違いではないと思いますが、あまりに当たり前すぎてか専門家はだれも教えてくれませんでした。

私の理解度が遅すぎるのかもしれませんが。

さて本題は、消費税率移行の煽りを受けて、私が知る限りで4点の「紛争」が発生しそうだということです。あまりこまった紛争ではないので心配はしていませんが。

まずは当社から消費税8%を付加して請求する予定の4月度販売材料費に対して、一特約店社から云々の由によって消費税率5%を付加した支払いが予見される、という一件と、暦月3月中に施行した3件の既済工事において、それぞれの施工体系上位社から云々の由により消費税率8%を付加した支払いが提起されるのではないか、という、硬軟合計4点で消費税率の適用をめぐった業務処理上の問題が発生しそうだということなのです。

というよりも、私の正直な学習意欲としては「ぜひ発生して欲しい」のです。

ただし、いまは紛争もトラブルもまだ何事も発生しているわけではないので、理路を整えた文章構成というのはかえって混乱を醸すかもしれませんから、とり合えず私が学習した個別の命題を羅列して、「近日事態が展開した場面でその是非について逆論評を享ける」というカタチをとろうとするのがこのレポートです。

そもそも消費税自体からは、企業としてはなんら利益も損も発生しないのです。

にもかかわらず、われわれ素人が「損得」の妄想に目がくらむのは、前節で述べたような経理素人の弱理解に加えて、消費税というものが「ヤドカリであるくせ」に、その展開の途中で重層する各会社に売上本体ないし支払い本体と金融上の差別なく居候し、私たち経営者？でもわすれたころに「月に還って行く」という動きをするからです。

仮受消費税というのは上で述べたとおり元来本体価格の外にあって、会社はこれを年間決算期間の中で施主含む販売先者から受け取るのですが、これは普通の場合本体価額が入金する預金口座に、あるいは受取手形、などの一部分として潜り込んで来てヤドカリするのです。

そして建設産業における体系の各層会社自体がこれを消費する消費者でもあるわけですから、年間決算期中に個別支払い案件ごとに支払った消費税、これを「仮払消費税」というのですが、これも普通の場合本体価額が支出される預金口座、ないしは支払手形といった紙片にトリモチのようにくっついて毎度支払われているわけです。

そして会社決算に対応する一年間を照準して、「仮受け・仮払いのそれぞれの総額の差額を算定して国税に返却する」という仕組みが確立されています。
オカミは預かり料すら一円も残してくれないのです。別に不満はありませんが。

当社の現実レベルでは仮に今期、業務本体の総売上高が5億円（わざと期間分割して消費税5%適用期間分の本体出来高金を4億円と仮定します）と仮定して、**年間の仮受消費税を略算してみれば**、前部が一年の3/4の期間ですから仮に按分を近似して4億円×0.05＝2,000万円、となり、後部：第4四半期にあたる4月~6月の3ヶ月期間分として近似1億円×0.08＝800万円、と算出されて**合計2,800万円**ということになります。　実務は分割するなどでなく当然のこと税率移行施行日を境とした事実区分で為されるわけです。

仮払い消費税は個々の支払いごとにトリモチ的に支出されて、この合計が概ね（4億8,000万円－1億4,000万円）×（9×0.05＋3×0.08）/12＝3億5,000万円×0.0575≒2,000万円となります。4億8,000万円は決算総コストから償却費等を控除した数値レベルであり、このうち1億4,000万円が消費税の付かないコストである人件費等に当たるということです。

そして仮受け総額2,800万円と仮払い総額2,000万円の清算として、差し引き800万円ほどが決算後にツキノクニに還っていくわけです。

素人としては、人件費には消費税が付かず、これに代わって生産を代行するものといえる外注費には消費税を付加して支払う、というのが何か「高くつく」という感覚になるかもしれませんが、これは全く金融上の問題であって損得の次元ではないのです。

私は今回の移行時措置を混乱させている大きな因子として、「施主対元請社」における諸措置の発布が、建設業法が拘束し指導する「元請社と下請社」の関係にも当然にスライドするのではないか、またスライドしないと損得が生じるのではないか、などいう間違った理解が蔓延して「建制の基軸」が十分に説明され尽くしていないことにあると思うのです。

世の中には聖人の訓話として「下は上に倣う」的な教えがあります。もちろん人間的に上等な理念であって、いささかの横槍をいれるつもりはありませんが、いまここでは、この上等すぎる概念がしばしば建設業界で誤謬の原罪となっているのではないか、ということです。

基本となる命題は、建設業者を拘束しかつ保護していただく「業法」はいわゆる公共工事の施主たる各級行政機関に対しては、すくなくとも法的には全く適用されるものではない、という当たり前のことなのです。「施主官公庁」の在りようについては「業法は触っていない」のです。　変更契約の日付を原契約工期の最終日にして合法であるなどがその最たる事案です。

具体的には、消費税の移行施行日に纏わるいろいろな緩和措置とかが配布されているのですが、いずれも「元請社と施主」の間で考えられるべき考察なのであって、「元請社対下請社」「一次下請社対二次下請社」・・では一切法的に拘束力を持たない、逆にそんな拘束は○○の国でも出来るわけがない問題、であるにも拠らずなぜかその説明を放置して混迷を深めているのがお国の無責任縦割り体質だと思います。

このことは上に記述したように、一般の善良な市民が心得ている「中間搾取当事者という立場から自身を回避させる」というピンポイント善意に起因した、上位順応思想にも一因があります。

つまり「契約工事の引渡し日」とはどういうことか、ということです。

3月28日に2つのスコップを買って、どちらかが8%の請求になるでしょうか？4月3日に2袋のセメントを買って、どちらかが5%の請求になるというのも変なことです。

私は上で記したように、施主対元請で緩和措置をしかるべくとられることは結構なことと思うのですが、一次下請以下にこれをスライド適用すべきではないし、出来るものでもない、してはいけない、とすら「お触れ」を発していただくべきだと思うのです。

「下請社にとって工事の引渡し日とは、現場生産出来高が完了した日を以ていう」などです。

なぜしてはいけない、とまでいうかといえばそれは前段で縷々箇条記したとおり、当該元請も一次下請も、二次以下係累の下請も、消費税自体ではなんら損得が発生しないということを再度くどく説明して理解を深めると同時に、軽々に搾取回避の方便に用いるなどしてはかえって混乱を助長することになると主張したいのです。

ただしカネとしてたくさん入ることは拒む必要はありませんから、工事3点の場合、請求書は先方の御意のままに記して入金のお願いをし、当方は顧問税理士によるご指導のままに経理事務を施して進行すればよいというのが現段階での私のささやかな独尊流です。

材料販売の一例については数学上で逆思考すればよいのでしょう。

当方が消費税の付加が5%で良いとする工事出来高に対し、先方の善意かなにかで8%の消費税を付加して送金いただいた場合、当方はその差額のうち105分の100を雑収入として税務措置し、同差額のうち105分の5を過剰にあずからされた仮受消費税として経理しておけば良いというのが結語です。

このことで先方には損も得も生じないはずです。

仮払い消費税を早くに当方宛支出されたということであって、彼社の決算清算時には正しく税務措置されるはずです。

当方は無理やりあずからされた仮受消費税はいずれおクニに清算するわけですが、このことに損得はないのであり、ただ上段雑収入となった部分が、先方から無意識下にいただいた「本体のスポット便乗値上料」とココロしておけばよいということです。

「4月3日e氏から入江へのメール」以下のとおりです。

税理士先生から回答がありました
経過措置の無い契約で3月31日に完了引き渡し工事なので消費税は「5%」です。
この場合、元請から**意志を持って支払われた**消費税「8%」は『5%分を仮受消費税として残り3%分の内、5%を仮受消費税、残り雑収入』となるそうです。
貰いすぎ消費税が¥30,000ならば仮受消費税¥1,429　雑収入¥28,571　です。

（平成26年4月17日）

File 20

よく似た言葉の識別

～合計値と累計値、合計値と全体値それぞれの意図～

世間話ですから気楽に読んでください。

良く似た言葉 の識別は、相互理解の促進と誤解の回避に有効です。

地理ニュアンスの**平らな合計値**と、歴史ニュアンスを含む**積み上げ累計値**

例えば前回11月5日の月次会議における10月度中の完成工事高査定値として、7～8件の工事の足し算値で3,220万円という数値が挙がっていますが、これはこのままふつうに表現するなら、合計値3,220万円というので良いと思います。

ただし、この値を業務上でしかるべく運用したい企図がある場面では、私は**全体値3,200万円**と表現するのが最善だと思います。この合計値と全体値の差異方便については次段で記します。

劇画漫画や小説、随想などで、「時空（じくう）を超えて・・・」というような表現を目にすることがありますが、この後ろ側にある空（くう）、つまり地理的広がりをイメージして、それを全体的に集計した値を表現しようとする場合には「合計」ということばで問題ないように思います。こういう場面では私が云々するまでもなく、「累計」はあまり使わない慣習ができているように思います。

ところがフレーズのまえ側にある時（じ）という、時間的経過の中での集積を表現するときには、算数的には「合計」でもよいように思うかもしれませんが、「敢えて累計という」ことに決めておくほうが、お互いに次第にイメージ識別を共有することが出来るようになり、いずれは相互の意識交換がよりスムーズに進行するようになると思うのです。

すなわち、10月末日現在の完成工事高は、**10月度分単月の合計値3,220万円**を9月末日付累計値6,348万円に加算して**累計値9,568万円になった**、などというのが良いと思うのです。

そして次段ではさらに、合計値と全体値の差異について勘考します。

複数の個値で混成している**合計値**と、それ自体単独で意義を為す**全体値**というものについて

私なりの結論から言えば、業務上のしかるべきアウトプットというものが将来への更なる展望を背景としてひかえもつときには、事務的に原個別値に分解可能な、というより「原個別値に分解する以外には勝手な分解をしたのでは不都合である」という、原個別値保護の性格を強く有する合計値という概念は、それを構成する原個値（げんこち、と読めばよい）が個人情報であったりする場面ではことさらに扱いが敏感なものになります。

そこで、上段でも記すように個別値の足し算によって得られた値であるという成り行きを尊重しながらも全体業務遂行のうえでは揺るがしがたい独立したひとつの概念値を唱えるという意味で、値そのものは一緒でも敢えて、**10月度分単月の全体値3,220万円**というような表現が相応しいと気付いたのです。意識して使ってみてください。

管理会計というのは「収益管理」を主題とするものですから、しかるべく消費税抜きで語るのが原則だと思うのですが、他方、「日々金融を含む財務会計の扱い」では、金銭の移動という敏感な問題ですから、面倒でもその都度

しかるべく消費税区分を表記して錯誤を避けるべく業務しなければいけないと思います。

私は例えば、完成工事高3,220万円というときには、完成工事高というのは元来が税抜き値であることが当然なのですから、つまり税込み完成工事高などというものは存在しないのですから、これをわざわざ税抜きなどといわない方がスジが通った表現だと思っています。

一方で請求書の発行あるいは受け付けなどに際しては、税込値を表現しなければ間違いのもとですから、面倒でもその都度、「税込み完成工事高3,220×1.08万円=3477.6万円の請求をする」、というような記載をしたり発音すべきである、と思っています。

正しく経理を学修すれば上記の記事は、

完成工事高3,220万円（ここで「税抜き」なのではない）
＋）相応消費税額×0.08=257.6万円
合計請求額　　3,477.6万円（これは「税込請求額」などと書いても良い）

というように記載されるのだと。皆さんで確認しておいてください。

ところがこれを紛らわすのが「契約高」という定義です。
契約高というのは、税抜きに決まりきっているというわけにいかず、したがっていちいち、区別して表現する必要があるようです。以下皆さんの上級学修に預けます。

また余談ですが上の請求書式で、「累計」請求額というような表現を加筆することもあるでしょうが、これは前回までの請求があるときなどに、時系列上での重複、逸脱を避けるために用いる上等かつ妥当な表現だとおもいます。

前ページの話題ですが、前記の請求書例題で、仮に 「全体」請求額とすると、他には無い、ということを黙示することになるので、相手方との外交上の事態が錯綜する場面では危険な場合もあり得ます。そういうときには普通に「合計」というのが馴染むわけです。

飛躍して言いたいことは、普通に何気なく、固有の個別値から足し算によって「合計」値を算出して事務的に遂行するという流れは、そのことに埋没するとむしろ危険なのであって、むしろ原個別値には敬意をはらいつつも、業務上では「合計値」を敢えて「全体値」として捉えて前へ進める、という恣意性が求められることも多い、ということです。月次会では特に、この点について意識してみてください。

合計値と累積値、そして合計値と全体値、それぞれの識別には魂がこめられているはずです。一語入魂

（平成26年11月10日）

File 21

労災一直線！

～労働災害時の「振る舞い」について～

人は5人以上、同じ事実（または虚偽事実）を共有して悪事に進行してこれを継続するということは出来ないはず、というのが近年の私の振る舞いの基本です。ただし「いまの日本では」のことです。逆にいえば「悪事は必ず仲間うちからバレルもの」ですから、日常の生活にしても会社の業務にしても、自然にあるいは、積極的に5人程度以上の周辺者に露呈しているはずの私の裏表のない言行が、悪事であるはずがないということを思っているのです。

ここで早すぎる言い訳ですが、上で裏表がないといいましたが右左というか、東西というか、の違いは見ていればいろいろな場面で異なる表見の振る舞いが当然ながらあるのです。それをお互いに「裏表」という、なんとなく罪悪感のある言葉で説明するのではなく、例えば噺家なら聴衆の年齢層に応じて話の重点にイロをつけるとか、一部を省くとか、そういう臨機の応変を「右左」とか「東西」とかいうTPOの機微で説明するのが健康的な解釈だと思うのです。ただそこまで解かってはいても、「ハナシの途中」で多少の誤解などがあるのが人の世の倣いですが。

この5人というのは、今の場合自身に緊急事態が発生したとして、嘆願署名活動をして親族の証言を得るとか、一族郎党に支持・賛同・弁護の名前を出してもらうとか、職場の同僚から同調者を募るとかという「団体」感覚からいっているのではなく、全く逆に、全くの異分野異集団に属する方々から、自然にごもっとも、といって傍観していただけるような、そういう5人を意識するのです。つまるところ「5人の募集」に血道をあげるなど本末転倒なのであって、「排除の論理」という作動によって、つまり負の5人連動によって自分がはじかれるなどあろうはずがないとして、多数派工作など意に介せず、淡々と信じるところを行為するのが良いといいたいのです。

逆説的ですが、自身が考えていること、ふるまおうとしていることが正義である、とか〇〇のために有効であるとか、そう考えるのは気持ちはよく解かりますが傲慢というものです。

さて本題です。だれでも職場で災害に見舞われたときには、その人の属性、災害の原因、など判断の余地を持たず、直ちに事態の記録（なにも書き物でなくても周辺者への叫びのようなことでよい）と、なにより疾病の回復に全力を尽くし、その過程で「労働現場で発生した事故である」ことを偽りなく語るということが大切です。ここである意味前のめりになって労災給付を当然に主張するというような判断をしようと気張ったり、逆に労災申請を回避したい言動などするとろくなことにならないのです。回復にかかる治療等費用が3000円程度なら〇〇、3万円なら□□、30万円なら・・・などという問題ではありませんし、「傷が浅ければ喜ばしい」ということと災害発生の事実隠蔽とは全く違う土俵で、とにかく「事実とするものを周辺環境に記録して進める」のが良いのです。

一般の関係者が関与することを回避したがる「労災保険の申請」「労災保険の認定執行」といった、いよいよ裁決の段階の問題は、「労働現場で発生した事故」を治療回復する中でその費用の適用について、難しい局面では後刻政府が判断裁可する仕組みになっていて、すくなくもわれわれがそのサイサキの段階でこれを伏せる必要もなく、ひたすら「労働現場で発生した事故」を回復すべく治療に邁進するのが良いのです。「異」がある向きからはその進行過程で必ずそのことが唱えられて、汲み上げられ得る制度があるのですから。ただし「いまの日本では」のことです。

（平成27年6月26日）

File 22

「トライアングル清算」の姿絵

～会社・社員・税務当局それぞれの関係性から～

会社と社員と税務当局のトライアングルについて言及しておきます。このことは会社としての事務作法について知見あるべき総務職専門社員にとっては、社員個別の人事問題を超えて全体としての措置作法にこそ着眼し、以下に記す清算の姿絵を解明理解しておく必要があるとする趣意に帰すものです。

会社　対　個別社員（その権益について後援する立場の労働当局も含めて）の問題は今回の作業によって完全に過去2カ年間の事態が清算されて、相互に過去貸借の無い回復がなされています。（この間の、事務知識混迷による、時間外不払賃金をH27.7月に「その他手当て」として給付）

枝葉の概念として私個人的には「手取率の変化による個人的有利不利の不公正差の問題」があり、この点を数値的な厳密性を欠く結算で終わらせているのですが、この調整数値は個人別でいえばあきらかに会社側の過大な支払という蓋然下に敢えて置いているものであり、且つ絶対値のレベルで全体で2,000円ほど、個人別には数百円に留まる数値です。

個別社員　対　税務当局　の問題も今回の回復措置が、過去発生期とは別決算期である50期決算内の人件費として清算されている（本記事記載時には予定）限り、相互に貸借の無い状態を立証してくれるはずです。

これが今回、便宜上にせよ福利厚生費とか租税公課、または雑損失、または解決金などという科目の給付に因ったのでは問題が残ることになるのです。

清算トライアングルの残る一辺は会社の法人税納税額　対　税務当局　ということです。

過去2カ年（暦期間として）、実務上で大略的にはほとんどが会社の過去2回の決算、に際して会社が人件費として計上あるべき損金を無意識下で支出を逸した結果、乱暴な素人略算でいえば総額60万円弱の益金過剰を発生させ、略算30万円弱の法人税納税額が過払い側に算定されていたと総括される数字になります。そして肝心なことは、この過払い金額が（会社＋社員）側の不手際が原因で発生したのであり、税務当局側のあずかり知らぬ事案なのですから、よもや税務当局から会社に対してなんらの額が払い戻されるなどということはあり得ないとするのが道理です。ここでの法理は、会社と社員は連合軍として捉えるのが「自由経済を基盤とした社会」であって、善意とか悪意とかいう言葉に忖度の余地はありません。

そこで今回回復措置として、50期（H27,7～H28,6）税務のなかで（同時に執行される給与・賃金に付随して）能天気に損金経理を措置した場合には、過去2回の決算における益金過多とは逆に益金過少を生じて、結果的に当該期の法人税納税額の軽減が諮られたようなことになります。これでは当局として不条理な展開ですから、「些事係争回避」の立場からいえば会社が当該60万弱の回復金部分に相応した金額は「損金算入自己否認」とする申告で計上するのが好ましい、ということです。

この意味で、来る7月15日頃に税理士事務所から受け取るはずの給与支給の経理伝票に着目しておきたいと思います。インターネット検索によれば損金算入を是とされる作法もあり得るかもしれません。
参照）法人税法基本通達2-2-13

（平成27年6月29日）

File 23

「自戒－1」「自戒－2」現物支給の捉え方

～現物支給にあたらないステージについて～

自戒－1

当社の経理上の業務措置につき数年前、一件の「税務教条問題」がありました。なぜか発端は覚えていないのですが、結果的には私が「仰せのとおりに修正措置」して、事後はなにごともなく過ぎています。いまにしてようやく、そういうことだったのか、と腑に落ちたので今後のため自叱しておきます。これは自作自演の嫌がらせであったのかもしれません。

それは、当該社員が工事管理のために外泊出張したときに支出した宿泊費のなかで、食事費相当の部位（一日当たり約2,500円で一ヶ月期間分であれば約70,000円、仮に年間12ヶ月恒常的に10名相当が該当するとしたときの会社の損金総額としては800万円程に上るか）は、当該社員に対する「給与の現物支給」に当たるから、「個別社員から相応の所得税を徴収する必要がある。」ということで、その修正実施措置がなされたのでした。

もっとも当の社員本人にすればそういうことになれば寝耳に水の徴収であって心理的不利益感が否めない事件ですから、会社としてはその徴収されるべき所得税額を、別途「給与増の措置で手当て」するというおかしな循環始末を起こしてうやむやに終息したものと記憶していました。今回私とすれば、前例に類似した業務展開が発生したとみてその教条論を語りかけたのですが、実のところは最初から「給与の現物支給には当たらない」、として鎧袖一触すれば良いというのが本稿の結語です。

50期9月、施工協力会社・DK工法特約店であるJ社への「外注費」が発生し、あわせて「工事経費」として昼弁当代相応額の支払が付随しています。両者あわせて当月間約200万円弱（逆概算を示すならば、4人×20日＠2万円プラス交通費等で、うち弁当代は＠500円ほどで延べ4万円程）のことです。
会社の現今業務上で社内の損益感覚としては、この事実になんらの過不足はなく、双方長年の信頼関係の延長として順当な取引であって遺憾の事態は皆無ですが、冒頭記した「税務当局による現物支給を以て個人所得税を回避する志向との指摘」を思い出して、一筆記憶に留めておくことにしました。

まず時代環境の変化として、「外注費」のカバーする範囲が「昔」は、DK資材費を包括して材・工一括請負を図った価額で発注して、資材の支給は別途の取引として当社からJ社へ販売する、という構成をとっていたので、もちろん現在でもこの形があり得るのですが、ひとことでいえば工事単位の小規模化のせいか、事務的簡素化ということもあろうか、いわゆる「行って来い契約」の考え方が全般的にも薄れているように自覚します。
その上で外注形態を示談する際には、例えば宿泊費相当の経費にしても、交通費にしても、作業員の員数さえもが無難には「実績カウント主義」に平易化して元・下ともに請負リスクからの回避が諮られ勝ちになっていることが解かるのです。

この現象は、「民度の成長」に伴う工事経費部分の配分に係る安定社会主義化とでもいえるのかも知れません。それならいっそ会社制度を解体して、すべての用務を個人雇いで人件費支払にすれば、各作業員から所得税が吸収できる体制になりますから、税務当局がそうなさりたいのならそのときにはそうなされればよいのです。
ただし資本主義経済の体制下では決してそうはなりません。私はそうならないことが妥当であると信じています。会社は一定の員数と期間を構成人員の主体的合同編成のもとで差配してこそ生産性と有効性を追求できるという体制としての命題を抱いているし、嘗て見聞したこともままありましたが実際に多くの現場生産作業では、宿泊費等の個人別給付を以て各員自在の分宿に至るなどがあったのでは、業務の統率をとり難い事態が生じるのです。

そこで一気に標題に戻ります。適用対象者の選定などが適格に説明出来るものでなくてはなりませんが、「飲食は万人に負担が掛るのだから云々」というもっともらしい税徴論に対しては、「会社のコスト配分の思想性に基づいて客観的開示的に制定してある旅費交通費規定」に拠る措置である、として払拭突破すれば良いのです。

（平成27年10月10日）

自戒ー2

前稿「自戒―1」の冒頭に、当社数年前の「税務教条問題」を取り上げて。もしかするとそういうことだったのかもしれない、と書いたのは今回の支払帳検証の過程で同類の事案に接したのが直接の原因ですが、いまひとつ、下に添付する砂を噛むような嫌味な教条・思想的牽制に対し、いささかの嫌忌を抱いたとき、ふと、それならそれでストレートに受け止めて、その土俵で「議論」すればよいのかもしれない、まずは上部「八紘一宇」の塔部を解体して各所に散骨的に供養したうえで、礎石を産地にお返しする提案を発して見れば良い、と極めて「健康的に」考え始めたのが発端です。

「現物支給」自体がなんでもかんでも悪いわけではありません。
「悪い」とされる現物支給とは、社員の労働対価としての賃金給与の額が一定の数値以下であるとき、不条理な理由と方法で当人の不満足を背景としながらこれの全部または一部を強権的に「現物」に代替して支払うときこれを「すり替え現物支給」としてよくないことと評価をする、ということだと想うのです。

数年前の現場出張に伴う宿泊経費の事態は、既に「制度」としても定型的に定着している「旅費交通費」という名目を以て、「規定する一定の賃金に加算すべく提供されたささやかな待遇」なのであって、「この絶対額を一般の給与額に換算してそこに所得税を課す」とはいうもいえたり、このたびの某国方面からの嫌がらせそのもののような気がします。

ところで、利害が鬩ぎ合う甲乙間ではその度合いに経験上の繰り返された普遍性を確認しあうことになり、その結果として双方が数量ないし単価の数値に定額・率を以て当てようとする傾向が拡がります。自戒―1でも触れたのですがこの現象は、「民度の成長」に伴う工事経費部分の配分に係る安定社会主義化とでもいえるのかも知れません。

それならいっそ人類は「株式会社制度」を解体して、すべての用務を個人雇いで人件費支払いにすれば、各作業員から所得税が吸収できる・すべき体制になりますから、税務当局がそうなさりたいのならそのときにはそうなされればよいのです。

実際に多くの現場生産作業では、宿泊費等の個人別給付を以て各員自在の分宿に至るなどがあったのでは、業務の統率をとり難い事態が生じるのです。この一点において今回、私自身は話題として意識に上げていた経理業務の執行と八紘塔の礎石問題が同心円に重なり、「飲食は万人に負担が掛るのだから云々」というもっともらしい税徴論に対しては、「会社のコスト配分の思想性に基づいて客観的開示的に制定してある旅費交通費規定」に拠る措置である、として中央突破すれば良いということを自覚できたのです。

（平成27年10月11日）

File 24

可逆と不可逆の話

～歩掛基準と標準代価表の不可逆性など、事の成り立ちを考える～

(1)

以下、当工法 積算代価表から、標準作業員（歩掛基準）への逆算不整合に対する質問の回答

小協会業務にあたって前後30年の経験から、恐れながら申し上げます。今回私が貴者発のご質問を拝受した段階で、当方複数の事務方中継者を経ていますので、いささかの趣意誤認があるかもしれないことをお詫び申し上げます。

以下には結果として蛇足も入ると存じながら、ご趣意を逸らさず回答申し上げたい所存でございます。

小協会では至近では平成22（2010）年（任意団体結成後26年経過時）、〈別紙①〉に示す「標準作業員構成モデルと日当たり標準作業量（歩掛基準）」という基本表を踏まえて、「積算標準代価表」の現行版を刊行いたしました。

それ以後、NITIS掲示ほかの積算基準はすべてこの標準代価表に基づいた掲示をいただいています。

またこれに前後して当時の建設省発で、〈別紙②〉の解説記事に接しています。

この記事は、標準代価表の記す値が「事前に打ち出す確率的見込み値」であるから、事後において現場で実行値がカウントされたときその実行値はかならずしもこの「見込み値」に一致するものでないことを主張しているのであって、いわば公共工事の積算手順の不可逆性が担保されてあるものと認識しています。

この担保がなければ公共工事の円滑な遂行はままなりません。

僭越ながら今回ご質問をいただいている「代価表から逆算で算出した値と歩掛基準値の不整合」というのは、上項で記述したことに相似した論調で申すならば、公共工事の積算が拠って立つ「標準代価表」と、その算定論拠である「日当たり標準作業量（歩掛基準）」との間には「当善」の公理として作業手順の不可逆性があるのではないでしょうか。

ゴール地点である「標準代価表」が記す100ℓあたりの歩掛値からスタートさせて、そのスタート因子である「日当たり標準作業量（歩掛基準）」を遡上算出しようかという作法では「思考のながれとしてあるまじきこと」であり、数値上で不整合が生じるのは当然の現象で、なにも不都合はないはずです。

ご質問のような話題は時々当方協会内でも発生いたします。

なにがそういう勘違いを誘発するのだろうかと考えますと、貴者方は「A:日当たり標準作業量（歩掛基準）」と「B:標準代価表」の間に相互可逆性を想定していらっしゃるのではなかろうか？　と愚見申し上げます。

A→Bの作法が不可逆で、更にB→Cの作法も不可逆であれば、結果的にはA→Cであるということになります。そうであればAがよほど「正義」な数値でないと結果のCは信じ難い・・と捉える感覚が私たちにあるので、その作法の進行自体を不正確で不明瞭なものに思えて、感覚的な意味で初期命題の段階から相互可逆性がある命題を求める嫌いがあるということではありますまいか。これが私の経験から所見する　A⇔B⇔C　構図とA→B→C構図の差異論です。

しかしながら何にしても妥当性見直しということは当然に必要なことで、業務上の議論としては会計検査院等による「歩掛見直し」の頻度をどうするか」ということだとおもいます。

（平成28年2月18日）

(2)

私が今回必要以上に穿って指摘する、歩掛にまつわる不可逆論のステージは3点あります。

この際ことの本質を緻密に整理しておかないと、コトバの上滑りで余計に混乱しそうに感じます。

1) まずは以前から時々ある、論理の手続きとして逆算が無用な手続き論のステージです。

「A：日当たり標準作業量表 → B：標準代価表」という算定手続きは工法草創期に必要な、単なる約束ごとの手順なはずですが、なにを考え違いされてかこれを逆転して

「A：日当たり標準作業量表 ← B：標準代価表」という概念を発想される方があります。

このことは算数的議論以前に、そもそも必要性のないことで、本来であれば協会版標準代価表の傍らにA表が堂々と掲示されてあれば良いのに、これが伏せてあるから誤解者も出るのです。

今回a氏が先方へ説明した〈別紙①〉は、上記の「A→B」の手順を示しつつ「A←B」という可逆思考を否定するもので、このA、B命題間での不可逆性の事実は業務の必要性からも認知されている公理のはずです。

2) 次は自由経済社会で当然に納得されている条理で、今回先方が話題にされたということでもない利害・道義上のステージです。

「B：標準代価表に基づく公共工事の積算 → C：民業者による請負の結果歩掛実値」ということであり、この進行に可逆性はないという条理を、今回a氏が〈別紙②〉に託して添付したようです。

まさにそのとおりで、ここでは公共工事遂行の約束事として、(工法早熟時にはまれに、結果値切りを仕掛ける理不尽な施主もありますが)「B←C」という可逆思考は「官」告によってはっきりと否定されているのです。

3）　しかしながら〈別紙②〉の記事中段｛ ｝印のなかに、今回私も見逃してしまった文言が記されていたのです。

この稿の元筆者は私ですから、ここはぜひとも釈明して正しい理解をお願いしておかなければ混乱に輪をかけることになると感じたのです。

問題はDK工法の目地工における現場補正の技法上のステージです。

結語としていえば、私の〈別紙②〉の記事は「現場条件に拠って代価表の補正を行うときは、文言上の補正手続きに拘泥するのではなくて、あくまでも「必要人工数」を算出すべく照準を当てた係数査定等を行うのが正論ですよと主張するのであって、本質をルーチンの作法と見紛うことを諫めたつもりなのです。

目地工の基準代価表B値を算定したときの日当たり標準作業量Aという命題は、Bに対する補正値B'という概念に連動して算術的にA'に修正される因子ではない、ということを確認しておきたいのです。

ステージ1）は「A→BであるがA←Bを考えるものではない」ということで、A・B間に可逆性は無いということです。

ステージ2）は「B→Cで遂行するがB←Cを作動させてはいけない」ということで、B・C間に可逆性は無いのです。

ステージ3）は「A→B、→　B´→Cで遂行するときもB´←Cを作動させてはいけない」のはステージ2）とおなじですが、ステージ1）の概念が混在して、A´←B←B´というようなことを考えるものではないという主張であってこの場面では可逆性が無いという以前に、A値は真聖不可侵のまま、天ご一人で存在すれば良いということなのです。

（平成28年2月22日）

〈別紙①〉

■ 岩接着DKボンド工法　標準作業員構成モデルと日当たり標準作業量(歩掛基準)＝「命題A値」

(2016年時点)

職種＼工種	清掃ならびに水洗工	DKボンド目地工	DKボンド注入工(機械練)
世話役	1	1	1
特殊作業員	2	0	1
岩接着工(法面工相当)	3	6	4
普通作業員	3	3	3
計	9	10	9
日当たり標準作業量	90㎡	140ℓ	700ℓ
対応する代価表	No.1	No.2	No.3
歩掛区別	–	–	–
歩掛補正	各代価表について下のとおり個別対応する。		

「命題A値」――→「命題B値」より代価表の数量(人)を決定する。

■ 代価表基本計算式

「命題B値」↓

[人/100㎡]	世話役	100/90	×	1	=	1.1
※少数第二位四捨五入	特殊作業員	100/90	×	2	=	2.2
	岩接着工(法面工相当)	100/90	×	3	=	3.3
	普通作業員	100/90	×	3	=	3.3
	計					9.9
目地工	世話役	100/140	×	1	=	0.7
[人/100ℓ]	特殊作業員	100/140	×	0	=	0
※少数第二位四捨五入	岩接着工(法面工相当)	100/140	×	6	=	4.3
	普通作業員	100/140	×	3	=	2.1
	計					7.1
注入工	世話役	100/700	×	1	=	0.1
[人/100ℓ]	特殊作業員	100/700	×	1	=	0.1
※少数第二位四捨五入	岩接着工(法面工相当)	100/700	×	4	=	0.6
	普通作業員	100/700	×	3	=	0.4
	計					1.2

例）注入工で考えてみると

タブーへの挑戦
「B値」――→「A値」

0.1×7=0.7→1
0.1×7=0.7→1
0.6×7=4.2→4
0.4×7=2.8→3
8.4→9

不整合なのはあたりまえのこと！

(「命題B値」は少数第2位を四捨五入して決定しているものなので)

仮に注入工代価表を1,000ℓ当たりで表示することにしたならば

1000/700	×	1	=	1.4
1000/700	×	1	=	1.4
1000/700	×	4	=	5.7
1000/700	×	3	=	4.3
				12.8

タブーへの挑戦
「B値」――→「A値」

1.4×700/1000=0.98→1
1.4×700/1000=0.98→1
5.7×700/1000=3.99→4
4.3×700/1000=3.01→3
8.96→9

数値の差異が近づくだけで
不整合はかわりません！

〈別紙②〉

■　公共工事の発注機関に提供される当方の「標準歩掛」は、あくまでも平均的な数値を提案するものです。

（施工条件の難易度によって区分した後、の段階でさえ、その施工条件のもとでの「平均的な見込み」を示唆しているに過ぎないのであり、「必ずこの人工数で致します」という宣誓書ということではないのですから、あくまでも標準、という表現が妥当なのではないでしょうか）

そしてこのことは、国土交通省ほか公共機関が監修された歩掛標準の類には、必ず明記されてある注釈（下段※）です。

施工条件による歩掛補正という「技法」は、その技法自体に必ずしも科学的普遍なものを要求しても無理があるのですから、見積もり、あるいは設計の各段階において表示される人工数量としてはあくまで「実際に費やしたい数量」が先にイメージされるべきものであり、その後に、その人工数になるように「代価表を逆算定する」というのが、実は堂々たる正しい運びなのであることを、発注側ですら公式に認められている考え方（下段※注釈）なのですから、ましてや施工者側は堂々と実行あるべき作法であることを、認識しておく必要があると思います。

ここでいう「代価表を逆算定する」とは、２月２２日レポートで記す、
Ａ←Ｂとか　Ｂ←Ｃとかのことではなくて、全く新たに
「Ａ'→Ｃ' を構成すれば良いのだ」という論理なのです。

※　土木工事標準歩掛の使用に当っての留意事項

(1)　土木工事標準歩掛は、我が国で行われる土木工事に広く使用される工法について、「機械施工積算合理化調査（施工実態調査）」をもとに、標準的な施工が行われた場合の労務、材料、機械等の規格や所要量を各々の工種ごとに設定したものである。標準歩掛は、あくまでも標準的な施工を想定した、予定価格を算出するためのツールであって、実際の施工における工法や機械を既定するものではない。

(2)　略

(3)　調査結果は、各種施工条件が同一と考えられる場合、多くは若干のバラツキを持ったデータ分布となるが、標準歩掛は標準的な施工が行われた場合の所要量として、その平均値を（例図を表示）もって設定されている。

よって、実際の施工において労務等が標準歩掛に比べて差があったり、使用機械の機種、規格が異なったりすることは十分に起こり得ることを認識することが重要である。

数値自体への真正○○主義感覚は廃されるべきことをいっているのです。

引用：　平成11年度　建設省監修　土木工事積算基準

(3)

なぜいま不可逆性論なのか

DK工法代価表の成立手順について、時々当「善」のように疑問が挟まれるのです。日当たり標準作業量の表値と、代価表からの逆算が整合しないのはなぜか？　と

今回もｂ氏による、質問者の立場を尊重した真摯な対応を見ながらも、私はなお釈然としない憤怒の感慨を抱くのです。

質問自体は、説明すれば「あ・そう、と承知されるはずの回答」であり、先方のご職務にも鑑みれば、どちらかいうとそういった「社会の決め事」について重々確認が出来ていられるずの立場なのに、なぜいまに至っても「可逆論」の呪縛から脱せられないのか。このことに私の憤懣が収まらないのです。

そしてひとつの「仮説」にたどり着きました。

私たちが長年受けてきた健康的な教育というのは、世の中で起きる全ての事象に対して、皆が、常に、「意見」を持って参画する（雰囲気の）社会を是とするものでしたから、そういう「時代の背景が、論理の点でも必要十分で可逆な互換性の作法に馴染む」のかもしれない。という仮説です。

だから平気でこの質問者のように「自由にものを考えるようになり」、あるいは逆に、別の周辺者のように「むつかしいことを考えるヒマがない」などとして卑◯な部外者のような立場に立たせてしまうのではないでしょうか。職務による分別もまた、これを健康的というように仕込まれているようです。

表面的には世間での「業」は万事決めたことを実行するまでのことですから、決めたときの条件なり同意なりが逸脱しない限りはその決めた作法を、自分の頭で考えることなく受け入れて、若いうちは先輩方の体験を素直に学修

しながら、一定の年期が立てば勇気を以て自らが実践し、老いては後輩たちを煽っていく、というサイクルだと思うのです。

工法の創出 →試行の集約 →A: 日当たり標準作業量表査定 →B: 基準代価表の刊行と採用→（現場施工条件によるB′：歩掛補正）→C: 結果歩掛に過不足ありや？　というサイクルは常に一方向で進行させるということなのです。決め事なのですからそこに可逆性は無用なのです。

歩掛補正の作用した割増代価表でも、日当たり標準作業量はA値しかないのですよ。

（平成28年2月22日）

(4)

DK工法の出来高管理の大方針として、A法的な統一文言で「使用DK数量を管理する」ことを明言標記し、「使用DK数量」→「亀裂寸法」とする命題間の構図を説いて、「亀裂寸法」が「使用DK数量」の「必要条件であるが十分条件ではない」とする論理の条理的不可逆性を喚起して「使用DK数量」⇔「亀裂寸法」という可逆性の固執から脱す。・・・という方向が下記§. 4に次ぐ§. 5の展開だと想うのですがいかがでしょうか？

以下には論語にある修身・斉家・治国・平天下という同心円の拡張をなぞらえて、私の属性各段階における命題間の「可逆・不可逆構図」について考察して、この考え方の妥当性を確認したく考えました。

§. 1 私⇔家族⇔会社の段階では株主の立場があるので、私が「可逆構図」に立つことが必然ですが、

§. 2 会社→DK協会 という展開を2月6日付レポートなどで活動予算の税務措置で考察してみると、組織機関的には「会社」を発意側主体として「不可逆構図」に立つのがむしろ自然の道理であることに気付きます。

DK協会を会社の上部組織と頼んで編成したのではなく、また会の構成各社から派出される各種業務への人件費は各社がこれを協会に転嫁されることはない。このことが別稿その他の記事で捕捉されているとするのが正論です。

§. 3 DK協会→公共工事の「価格」ステージ という展開の拡張段階では、別稿に記すように明らかに（基本代価表による公共工事の設計　→「官」に

因る不可逆性の担保　→民業の価格競争原理）という不可逆進行が容認されていて、この「官告」の担保性を傍証することは今回、技法としての定理性の説得に加えて、「日当たり標準作業量表」→「 基本代価表」の不可逆性を説明する有力な裏づけになったはずですが、この態を別の切り口でいえば、公共工事の数量＠価格＝金額　という基本式のなかで前項に挙げられる**「数量」というのは絶対不可侵という世間の公知のもとで、後項の「価格」に対しては一定の条件のもとで緩衝機能が付与されているのです。**

構図としての模擬的表現で例えれば、一時期の「米国にとってのNATO」、冷戦解消後の「欧州各国にとってのEU」のようなもので、その跨ぎ・連合・包括・依存などという理念たるや常に広くて、高くて、内から見る限りでは美しいVisionが提唱されるのですが、目的が、各構成員の解体なくして唱えられる各個（人）の経済的収益などであるかぎりこれは必ず頓挫するものだと、歴史が示してくれています。

NATOもEUも、情報の拡散というような意味で、つまりは域外の個（人）を意識したようなときには有効性を発揮するのですから、この連合組織体自体が全く無用であるというのではありません。いずれにしろ「個たる会社」は万事「連合・協会」の功罪を忖度しながらこれを制御あるべきで、**「協会側からの会社抑制」といった論理の逆行措置があってはならない、**ということで、ここのところが当社にとって完全に不可逆であるべきです。

§. 4 DK協会→公共工事の「数量」ステージ をつなぐ設計施工要領の改訂が協会業務として進行中ですが、

このなかで私は、命題としての「A法」と「C法」※は相互に可逆性があるものであって、そもそもこれが技術的に分別されるような概念ではないということが示唆されたものと捉えました。・・であれば、冒頭結語のようにA法とC法を併合して「技術統一された（態のある）管理仕様」を打ち出して、技法の差異は精度と密度選択の差であるとの認識に回帰させ、不可逆的にDKの施工市場を統制するのがよいとおもうのです。

※［ DKボンド工法の直工費用算出法（目地工、注入工）
A法　㎡あたりの材料使用量（ℓ）を求めℓ単価に乗ずる
C法　各亀裂の計測により材料使用量（ℓ）を求めℓ単価に乗ずる ］

（平成28年2月29日）

File 25

建設業法第22条「一括下請け禁止」について
～建設業者同士の選別淘汰促進ツール～

この法律は先日配布したとおりの文言で、平成4年以来執行されているものです。このたび私が思うところがあって、会社顧問弁護士にその「判例」啓示をお願いしてみたところ、仮の結論として「爾来係争が記録されている事案は一件もみあたらない」ということなのです。

仮の・という意味は、探査の極め度として現段階では一定の粗度を容認するということですが、いずれにしても具体的な裁判・判決といった事態に発展した事案が数件すら抽出し難いということですから、個人的な独想責任の範囲で言い切れば、一件も無いということでしょう。

それほどに「遵守」されていて、法の効用がはたされているというのは立法の意義からいえば、冥利に尽きることといえますが、「零細なる反法行為必ずしも犯罪ならず」とて為政者側の寛容の措置が巡らされてあるように思うのです。
そしてそのわけは、法の精神が実は複数の方向に向けて在り、ひとつの方向は言外に置いて、他方一般市民的に耳順する「丸投げ根性を排除せよ」との工事管理者に対する精神教育論の次元で単直に業界各層に馴染んでいるのです。

「公共工事の分離発注」という時代の必然もあります。

私たちの学卒時代・昭和40年代には、工事の規模を問わずまだまだ総合建設業による包括執行形態が主流であって、その中で諸先輩の尽力を得て「法面」「上下水道」「設備」等々の付帯的専門工事の分離発注が勝ち取れてきたという歴史の事実があると思うのですが、ここにきて予算上の便宜を含めた「工事の大ジャンルにおける分離分割執行の効用」と「中小ジャンル（特定工法における供用材料と施工に係る労務負担など）における分離分割執行の不条理性」とが錯綜して、後者のほうが上段でいうところの「一括下請け禁止」という命題に抵触するという様相を呈しているように思うのです。

平成28年3月某日
○○○○弁護士様

「建設業法第22条ご指南のお願い」に附して、蛇足ながら若干の周辺事情を申し述べます。

「この法」は各級公共機関の行政職務者において一件工事ごとに、かくも教条的にご指南あるものか？と辟易するほどに周知されて、且つ（形式的な）実行を強いられているのですが、他面当社社員らがなんらの嫌疑なく唯々諾々と追随する様子に接するにつれて、ふと小社のような開発付加価値型工法を掲げて材・工包括責任施工体制という「ポリシー」を標榜するのもにとっては、公共工事の発注時に何らかの「一括下請け禁止の例外措置推奨表現」を得なければ立つ瀬がなくなるではないか、ということにいまさら気がついたのです。

とはいえその官先導の遵守体制のなかでは、当社が過去に上位社であっても下位社であってもいずれの場面においても具体的で単直な不利益を直ちに破るといった事例が生じたわけではなく、むしろ法文に「いかなる方法をとろうとも一括下請を禁止する」とある、まさに真逆で「その都度さまざまな便方で以て、しかるべき民業としての実利実損が特段の恣意的緩急なく官側同意のもとに維持尊重されている」ということにもまた気が付いたのです。

一例としては、元請社から労務相当の部位だけの注文書を発せられ、その部位施工に供すべき材料部位は別社を通じて入金される（工事の注文書はもらえない）などの分割発注のケイシキが、工事着工時点において「一括下請体制だといわれない様にするため」として蔓延るのですが、面白いのは法文自体にも記されてある「監督官庁としての経営審査においては、当該併合部位はカウントを認めない」と記載されているにもかかわらず、当方からの説明によって容易に「カウント復活」が為される（注文書が無くても、あるいはルートが迂回していようとも当該金額の入金事実があれば完成工事高・同原価、材料費として計上が認められる）のですから、なぜ最初から認めないの？認めたら何が困る？
その説明は施主側からは何も、いつも、無いのですから考えてみればクエスチョンなのです。

そういった業界環境のなかでは社員に対しても、「法を遵守して正しいケイシキに乗って工事を推進しなさい」というときに、「正しくないケイシキ：材・工包括」では世の中を害するからダメなのではなくて云々」というあたりの明晰な理解を共有しておかなければ、民・民間の軋轢（「独占禁止法」を巡って業界内で飛び交う牽制など）の中で埋没する危機感を抱いたということです。

なぜか！ひとつの仮説として許されるならば、の放言ですが、この「法」は高度経済成長期の末期近く平成4年に成立したものであって、大義として、従前からも陰に陽に蠢いていた不良介入者による公共事業費の流失を防止するという目的が存し、これがいわゆる「特定の属性集団に対する排除の論理」として運用されていると忌避されることを回避するため、ことさらに施主からの信頼を強く詠うことで転売などすべての展開を封じ、敢えて善良なる中小職人企業にも表面的な適用のケイシキ面を相似的に書き並べて、いかなる方法を以てしても、とした文言になったのではないでしょうか？
「いくつかの判例」がこれら仮説の傍証になるのではなかろうかと考えた次第です。

（平成28年3月15日）

法は正義の盾に非ず、紛争を未然に防ぐための「道具」である。

勿論「正義の盾」として供せられる場面もあってもよいのですが、企業活動の本質ではしばしば「道具」としての有効性が期待されます。

つまり、建設業法22条における「一括下請負の禁止」という条項をこの観点からいうと、この法律は建設業者同士の選別淘汰を促進するための道具なのであって、結語：万人を相手としてこの条項に違反しないで済む建設業者は間違いなく皆無です。したがって、他社からターゲットとして論われることのないように、粛々と誠実に、襟を正して当該法の精神を全うすることが肝要です。

この法の精神は3点です。①　ペーパーマージン会社を排除すること。②　下位社の労働条件、金融条件を圧迫を防ぐこと。③　工事製品の施工上の責任所在を明確にすること。

この3点において、当社は本質的に、確実に、違法状態には該当しません。

ただ、法の目的が「陥れ」であると明示されているのですから、形式上でさえ、また趣旨違いでさえ、無用の軋轢を避けて「李下に冠を正さず」ということが大切です。「支払い方の分散」ということだけで一括下請けでないなどといえるものでないことは自明ですが。

この法遵守はいつか書いた「材工包括施工」が独占禁止法に違反するとして同業者から牽制される、という図式に似た趣向です。

著者紹介

入江義明 （S23.5.1 ～ H28.4.16）

休日「愛犬のタローと」

昭和 23 年 5 月 1 日岡山県津山市生まれ。第 14 代 入江照夫（津山市新魚町）、第 31 代 有木次男の長女 有木ゆきこ（津山市西田辺）の長男。県立岡山大安寺高校、国立名古屋工業大学卒業後、アイサワ工業㈱入社 、その後 第二建設㈱代表取締役社長、一般社団法人全国落石災害防止協会会長理事を務めた。その間、日本各地を舞台に、景観保全型落石予防工である岩接着工法のパイオニアとして、オリジナル工法である「岩接着ＤＫボンド工法」の普及・推進に取り組んだ。

入江義明散文集
中小建設業周辺事情
違和感を考察する

2017年5月24日　発　行

著　者　入江義明

編　集　第二建設株式会社

〒700-0808 岡山市北区大和町1丁目1番30号
電話 086-222-9210

発　行　吉備人出版

〒700-0823 岡山市北区丸の内2丁目11-22
電話 086-235-3456　ファクス 086-234-3210
振替 01250-9-14467
http://www.kibito.co.jp/
e-mail:books@kibito.co.jp

印刷所　㈱印刷工房フジワラ

製本所　㈲山陽製本

ISBN 978-4-86069-516-3　C0095